**Mr. Know All**

从这里，发现更宽广的世界……

Mr. Know All

—— 小书虫读科学 ——

Mr. Know All

十万个为什么
建筑的守望

《指尖上的探索》编委会 组织编写

小书虫读科学
THE BIG BOOK OF
TELL ME WHY

作家出版社

策划出品 悦读名品　图片服务 悦读名品 123RF

　　建筑与人类关系密切，它们千姿百态、无处不在，满足着人们日益增长的各种物质文化需求。同时，建筑里蕴含的宗教、历史、哲学和美学等文化元素，是解读中西文明和促进文化融合的重要媒介。本书针对青少年读者设计，图文并茂地介绍了建筑可不只是房子、建筑物的构成、多种多样的建筑风格、守望著名的中国建筑、守望著名的外国建筑、值得尊敬的著名建筑师六部分内容。阅读本书，你或许可以读出各种建筑的神秘和美丽，那你又能否读懂它们的守望呢？

图书在版编目（CIP）数据

建筑的守望/《指尖上的探索》编委会编. --
北京：作家出版社，2015.11
　（小书虫读科学．十万个为什么）
　ISBN 978-7-5063-8518-3

Ⅰ.①建⋯ Ⅱ.①指⋯ Ⅲ.①建筑—青少年读物
Ⅳ.①TU-49

中国版本图书馆CIP数据核字（2015）第279018号

建筑的守望

作　　者	《指尖上的探索》编委会
责任编辑	王　炘
装帧设计	北京高高国际文化传媒
出版发行	作家出版社
社　　址	北京农展馆南里10号　邮　编　100125
电话传真	86-10-65930756（出版发行部）
	86-10-65004079（总编室）
	86-10-65015116（邮购部）
E-mail	zuojia@zuojia.net.cn
http://www.haozuojia.com（作家在线）
印　　刷	北京盛源印刷有限公司
成品尺寸	163×210
字　　数	170千
印　　张	10.5
版　　次	2016年1月第1版
印　　次	2016年1月第1次印刷
ISBN 978-7-5063-8518-3
定　　价	29.80元

作家版图书　版权所有　侵权必究
作家版图书　印装错误可随时退换

Mr. Know All
指尖上的探索 编委会

编委会顾问

戚发轫　国际宇航科学院院士　中国工程院院士
刘嘉麒　中国科学院院士　中国科普作家协会理事长
朱永新　中国教育学会副会长
俸培宗　中国出版协会科技出版工作委员会主任

编委会主任

胡志强　中国科学院大学博士生导师

编委会委员（以姓氏笔画为序）

王小东	北方交通大学附属小学	**张良驯**	中国青少年研究中心
王开东	张家港外国语学校	**张培华**	北京市东城区史家胡同小学
王思锦	北京市海淀区教育研修中心	**林秋雁**	中国科学院大学
王素英	北京市朝阳区教育研修中心	**周伟斌**	化学工业出版社
石顺科	中国科普作家协会	**赵文喆**	北京师范大学实验小学
史建华	北京市少年宫	**赵立新**	中国科普研究所
吕惠民	宋庆龄基金会	**骆桂明**	中国图书馆学会中小学图书馆委员会
刘　兵	清华大学	**袁卫星**	江苏省苏州市教师发展中心
刘兴诗	中国科普作家协会	**贾　欣**	北京市教育科学研究院
刘育新	科技日报社	**徐　岩**	北京市东城区府学胡同小学
李玉先	教育部教育装备研究与发展中心	**高晓颖**	北京市顺义区教育研修中心
吴　岩	北京师范大学	**覃祖军**	北京教育网络和信息中心
张文虎	化学工业出版社	**路虹剑**	北京市东城区教育研修中心

目录 Contents

第一章 建筑可不只是房屋

1. 建筑仅仅就是指房子吗 /2
2. 建筑的材料都有哪些 /3
3. 什么是建筑的要素 /4
4. 最早关于建筑的书籍是什么 /5
5. 水泥从什么时候开始在建筑中使用 /6
6. 建造居住建筑需要考虑哪些因素 /7
7. 公共建筑都有哪些 /8
8. 工业建筑都有哪些 /10
9. 中国最早的农业建筑出现在什么时候 /11
10. 最早的城市建在哪里 /12
11. 中国最早的宫殿建在哪里 /13
12. 什么是钢筋 /14
13. 什么是砌体结构 /15
14. 什么是桩基础建筑 /16
15. 什么是砖木结构 /17
16. 砖混结构于什么时候开始兴起 /18
17. 什么是钢筋混凝土结构 /19
18. 钢结构有什么优缺点 /20
19. 建筑物的耐久等级如何划分 /21

第二章 建筑物的构成

20. 建筑的地基就是它的基础吗 /24
21. 建筑的基础有哪些 /25
22. 墙体的作用是什么 /26
23. 楼板有哪些类型 /27
24. 什么是梁 /28
25. 楼梯是由什么组成的 /29
26. 坡屋顶和平屋顶有什么区别 /30
27. 门有哪些类型 /31
28. 窗的材料有哪些 /32
29. 建筑防雷装置有哪些 /34
30. 现代建筑有哪些防火措施 /36
31. 现代建筑中的防火材料有哪些 /37
32. 现代建筑的抗震材料有哪些 /38
33. 建筑中有哪些抗震结构 /39

第三章 多种多样的建筑风格

34. 什么是建筑风格 /42
35. 为什么有不同的建筑风格 /43

36. 主要的建筑风格有哪些 /44

37. 英式建筑风格是什么样的 /45

38. 古典主义建筑风格都有哪些 /46

39. 究竟什么是"哥特式" /47

40. 地中海建筑风格是怎样的 /48

41. "巴洛克"是什么意思 /49

42. 日本建筑风格是怎样的 /50

43. 洛可可式建筑风格是怎样的 /51

44. 美式建筑风格究竟是什么样的 /52

45. 中国建筑风格的特征是什么 /53

第四章 守望著名的中国建筑

46. 最早的四合院出现在什么时候 /56

47. 中国建筑使用的"瓦"出现在什么时候 /57

48. "砖"出现在什么时候 /58

49. 世界上最大的古建筑群是北京故宫吗 /59

50. 著名的天坛是最接近"天"的地方吗 /60

51. 长城是世界上最长的人造建筑吗 /61

52. 孔庙是古时候的学堂吗 /62

53. 布达拉宫为什么被叫作"世界屋脊上的明珠" /63

54. 乔家大院建于什么时候 /64

55. 平遥古城的"平遥三宝"是哪三宝 /65

56. 苏州园林为什么那么有名 /66

57. 广东的"围龙屋"是什么样的 /67
58. 草原上的蒙古包是什么样的 /68
59. 江南水乡的特色"吊脚楼"是什么样的 /69
60. 云南的"一颗印"是什么样的 /70
61. 陕北的"窑洞"是什么样的 /71
62. 世界上最大的地下帝王陵墓在哪里 /72
63. 明朝皇家陵寝究竟有多少 /73
64. 都江堰是中国古代建造的吗 /74

第五章 守望著名的外国建筑

65. 日式建筑风格为什么跟中国建筑风格那么相似 /78
66. 亚历山大灯塔是什么样的 /79
67. 电影里经常出现的罗马斗兽场是什么样的 /80
68. 我们熟知的泰姬陵是宫殿还是陵寝呢 /81
69. 吴哥窟是石窟还是宫殿呢 /82
70. 著名的圣索菲亚大教堂是什么样的 /83
71. 埃及的金字塔是不是由外星人建的 /84
72. 英国著名的白金汉宫是什么样的 /85
73. "伦敦正门"是指英国的哪座桥 /86
74. 法国著名的埃菲尔铁塔是什么样的 /87
75. 法国凯旋门是迎接军队胜利回归的门吗 /88
76. 法国著名的凡尔赛宫是皇室的宫殿吗 /89
77. 巴黎圣母院里真的有敲钟怪人吗 /90

78. 卢浮宫为什么是巴黎的心脏 /91
79. 比萨斜塔如此倾斜为什么没有倒呢 /92
80. 世界闻名的科隆大教堂是什么样的 /93
81. 巴比伦空中花园是什么样的 /94
82. 圣彼得大教堂是什么样的 /95
83. 伦敦塔是什么样的 /96
84. 哪座古城被誉为"尼日尔河谷的宝石" /97
85. 白宫是白色的宫殿吗 /98

第六章 值得尊敬的著名建筑师

86. 著名的美国世贸中心是哪位建筑师设计的 /102
87. 为什么贝聿铭被誉为"现代建筑的最后大师" /103
88. 为什么高迪被称为"建筑史上的但丁" /104
89. 日本著名建筑师安藤忠雄的建筑理念是什么 /105
90. "现代建筑的旗手"是指哪位建筑师 /106
91. 著名的悉尼歌剧院是哪位建筑师设计的 /107
92. 阿尔瓦·阿尔托的人情化建筑理念是怎样的 /108
93. 为什么说伦佐·皮亚诺的建筑思想是创新 /109
94. "高技派"的代表人物是谁 /110

互动问答 /111

  建筑在我们的身边比比皆是。

  比如说大桥、水坝，还有烟囱、大型广告牌、高压电塔，这些也都是建筑。这些建筑不是房屋。作为房屋的建筑，实际上也有很多的分类。比如教室和图书馆，就不是同一类建筑。还有住宅和商场，这也是平时被我们统称为房屋的建筑，也属于不同的小分类哦！

  房屋只是建筑中的一种，除了房屋之外，建筑还包括了哪些部分呢？让我们一起来解开这个谜底吧。另外，你知道建筑有哪些材料吗？你知道中国最早的宫殿建在哪里吗？你知道最早的建筑书籍是什么吗？随着我们一起来探究建筑的起源和发展，这些问题啊，就会一个个解开的！

第一章 建筑可不只是房屋

1.建筑仅仅就是指房屋吗

说到建筑，大家可能马上联想到房屋。没错，形形色色的房屋，不管是低矮的棚户还是高耸的楼房，简陋的茅屋还是富丽堂皇的大厦，从实用的民居到恢宏的宫殿，都包含在"建筑"这个宽泛的定义里面。

为什么这么说呢？房屋的确是属于建筑这个范畴的，但建筑可远远不止房屋哦！长城、都江堰、南京长江大桥、人民英雄纪念碑、十三陵等名胜，虽然跟"房屋"两个字离得比较远，可都属于建筑这个范畴。

还不止这些哦！大家有没有想过呀，一些老厂区里常见的水塔，污水处理厂里的澄清池，北方家庭院子里的沼气池，甚至高速公路旁边能见到的巨大的广告牌，这些也都属于建筑呢！

其实，我们可以回顾一下建筑的定义：建筑是人们出于某种具体的目的、为了满足社会生活需求，利用一定的手段以及材料，运用一定的规律、理念以及美学法则建造的人工环境。人们建造房子是出于居住的目的，或者说是为了满足人们居住的社会需求而建造的建筑，它只是建筑当中很小的一个种类。

2.建筑的材料都有哪些

建筑是由人类建造的，需要各种各样的建筑材料来实现建筑的功能和目的。下面我们就来看看建筑的材料都有哪些？

能够回答大家的是，建筑的材料有很多很多，种类繁杂，几乎你能想到的所有物品都可能成为能工巧匠手中建筑材料。不相信吗？曾经就有新闻报道称，日本就有人用卫生卷纸中间的纸筒盖房子。而在远古时期，人类也会利用树枝、兽骨、泥土等材料建造自己的部落，这些材料也能称为当时的建筑材料。包括某些地方的农村，现在还保留着用土坯搭建的房子。

不过，在现代社会的建筑材料分类就更细致了。

建筑材料可以分为结构性材料、装饰性材料和专用性材料。其中，结构性材料有竹材、木材、石材、混凝土、水泥、砖瓦、金属、陶、瓷、玻璃、复合材料、工程塑料等；装饰性材料有涂料、镀层、油漆、瓷砖、贴面砖、装饰玻璃等；专用性材料主要指用于防水、防腐、防潮、阻燃、防火、隔热、隔声、密封、保温等的材料。

3.什么是建筑的要素

对现在的同学来说,建筑是举目可见的,而且种类繁多、各式各样。但是,大家知道吗?无论是舒适的住宅楼、气派的购物中心还是高耸的摩天大楼,无论是国内建筑还是国外建筑,抑或是现代建筑以及古代建筑,它们都包含着一些共同的要素,那就是实用、坚固以及美观。因为这些要素是所有建筑共有的,所以我们可以将这三点称为建筑的三个要素。

现在普遍认为,最早在著作里面以建筑要素的提法提出"实用、坚固、美观"的是一个叫维特鲁威的罗马时代的建筑师。他生活的年代距离现在超过 2000 年,但是在 2000 年前提出的建筑要素,到现在依然无一例外地被建筑师们所遵从。难道不是这样吗?我们一点一点来看看。实用,人们建造建筑是出于明确的目的,无论是用于居住还是观赏。漫无目的堆成的堆砌物不能称为建筑。坚固,不仅是建造一处建筑的最中心内容,同时也是达成建筑目标的重要手段,换句话说,如果一处建筑不坚固,轻而易举地就倾覆了,那么这一堆瓦砾当然也就不可能作为一处建筑存在了。美观,是建筑的外在表现形式,同时也是建筑的主要内容之一,因为你很难想象人们会允许一处看了第一眼就怕看第二眼的建筑矗立在对面那条街。

另外,也有人把经济、实用、美观称为建筑的三个要素。

杜拜旅馆

4.最早关于建筑的书籍是什么

我们知道建筑是需要高超技艺的,而一些高超的建筑技艺是从很古老的时代流传下来的。其中有师傅对徒弟的口口相传,也有书籍的记载。

现在人们普遍认可的世界上最早的、最古老的建筑理论书籍是由生活在罗马时代的建筑大师维特鲁威所著的《建筑十书》,这本书著于公元前27年,并且在公元前14年左右出版。全书共分十卷。书中提出了一个直到现在仍能够指导当代建筑师们的建筑原则:建筑应当包含实用、坚固、美观三个要素。另外,这本书不仅对建筑的技巧进行了指导,还对建筑师的教育方法、修养养成提出了自己的看法,认为一个建筑师的"德"比他的"才"更重要。因此,有学者认为是这本书确立了建筑学的基础体系。

罗马时代,《建筑十书》就颇具影响,但经过了时代的变迁也曾经濒临失传。直到公元1414年,也就是成书之后的1400多年以后,有人发现了该书的一个手抄本——非印刷版本。在当时引起了极大的关注和轰动,正因如此,该书才得以流传下来。

5.水泥从什么时候开始在建筑中使用

我们知道，建筑的历史非常悠久，它伴随着人类文明史的诞生和发展。也就是说，在很久以前，人类就已经开始建造建筑了。那时候人类使用的建筑材料是什么呢？恐怕多是树枝、兽皮。随着人类文明的发展，建筑材料也随之发展。慢慢地，泥土、土砖、木头被人类大量地运用在建筑之中。现在，我们最常见的建筑材料是什么呢？不用说了，当然是水泥。

不过大家可能没想到的是，水泥最初在建筑中被人类使用竟然是在2000多年以前。当时的罗马人和希腊人在进行工程建设的时候，使用了一种能在水中慢慢发生反应最后生成非常坚硬固体的火山灰与石灰的混合物。当然了，我们现在使用的水泥跟2000多年前古人使用的水泥是不一样的。在这2000多年里，水泥也跟随着人类文明获得了长足的发展和改良。

在这漫长的2000多年里，水泥经过了几次里程碑式的发展。英国的工程师斯密顿在1756年发现用具有黏土成分的石灰石可以烧制出水硬性的石灰。而这种石灰跟火山灰配置在一起就可以得到用于水下建筑的砂浆。人们认为，这是研制和发展近代水泥的理论基础。在1824年，以卓越的建筑性能在水泥历史上占据划时代意义的波特兰水泥也来自英国人之手，这个英国人是一名建筑工人，名叫阿斯普丁。

公寓

古代住宅

6.建造居住建筑需要考虑哪些因素

居住建筑，又称为住房，是指如住宅、公寓、宿舍、别墅等提供给人们居住等日常生活的建筑物。

居住建筑应该是我们见得最多的一种房屋类型。居住建筑除了要考虑适宜的户外环境之外，对居住建筑本身也是有严格要求的。

首先要考虑合适的分户私密性。因为寻求安全感是人的基本需求之一，在自己的家里如果还像被暴露在公众的视野中一样的话，那么这个安全感也就打折扣了。因此居住建筑在设计时会使每户住宅独门独户，保证每户的生活方便，对视线、声音进行适当阻隔，不为他人所扰。除了心理的安全感得到保障之外，居住建筑还要考虑实际的安全性：疏散条件、防火条件、抗震能力等都是必须在设计时被考虑进去的。在保证安全的前提下，居住建筑还要尽可能地提供给居住者便利的生活条件，以满足基本的生活需求。所以在居住建筑中，应该设置完备的给水、排水、炊事等设施。最后还要兼顾日照、通风、防风等方面。

以上这些是人们对现代居住建筑的要求，最初的人类居住建筑当然不可能具备这样的条件。远古时代的居住建筑多因地制宜地加以人工改造成为人们的生活之所，所用的材料也多为兽皮、树枝等，自然也无法以现在的居住条件来要求了。最早的居住建筑雏形出现在陕西的半坡遗址，这是距离现在有6000多年的母系氏族公社村落遗址。

7.公共建筑都有哪些

我们住的房子被称为居住建筑。分户私密性，对于居住建筑而言是非常重要的属性。既然居住建筑具有分户私密性，那么它就不是一个人人都能使用的公共建筑。这很好理解，如果这东西是公共的，是公用的，那还有什么私密性可言呢。那么，有没有什么建筑是公共的呢？答案是肯定的。

在《民用建筑设计通则》中，对公共建筑的解释是，供人们进行各种公共活动的建筑。比如购物商场、图书馆、医院、火车站、机场等，这些是人们都能使用的建筑，它们就是公共建筑。但公共建筑也远不止这些，就因为它的数量繁多，所以人们根据公共建筑的用途对其进行了分类。

办公用建筑：像各种机关、企事业单位的办公楼，还有各种公司部门开展业务的写字楼等。

娱乐用建筑：各种各样娱乐场所的专门建筑都属于这一类，比如游乐场里的建筑等。

医院

办公楼

商业用建筑：包括旅馆、酒店、购物广场、银行、证券交易中心等。

科教文卫用建筑：学校、图书馆、医院、科研中心都属于这一类。

通信用建筑：比如广播、通信用房等。

交通用建筑：比如车站、机场建筑等。

公共建筑和居住建筑一起构成了民用建筑。除了民用建筑之外，在建筑的大家庭里还有工业建筑。

商场

工厂

8.工业建筑都有哪些

民用建筑主要包括居住建筑与公共建筑,而民用建筑又与工业建筑一起组成了狭义概念上的建筑。工业建筑,顾名思义,指的是供人们从事各种工业生产活动的建筑物以及构筑物。

不同的建筑,因为它所提供的功能不同,它的性质以及建设要求也有所区别。比如居住建筑,因为它提供的功能是供给人们一个生活的空间,所以私密性是它最重要的特性之一。而工业建筑,因为它提供的功能是给人们以工业生产的空间,所以它的建筑要求和特性与居住建筑有着很大的区别。

首先,作为工业建筑要满足在这个建筑中进行工业生产的流程、运输方式以及其他生产特点。比如有的生产因为生产程序较多,需要许多工人同时进行流水线的作业,那么作为工业建筑就应该为流水作业提供较长的直通空间,这与居住建筑的分户私密性就不同了。

其次,因为不少的工业建筑的内部空间跨度大,不能像民用建筑一样分成许多的空间,空间之间有墙体可以作为整个建筑的支撑,工业建筑的内部空间通常较为空旷,所以在结构形式上必须进行有目的性的选择,包括建筑材料也应当相应选择。

另外,工业建筑还应保证能提供较好的生产环境,并配备有工人生活活动的辅助空间。

9. 中国最早的农业建筑出现在什么时候

现代社会中,除了需要房屋用以居住,需要公共建筑提供科教、卫生、娱乐、交通等服务,需要工业建筑为人们制造各种设备、工具等之外,还有什么是我们的生活必不可少、不可或缺的呢?对了,那就是农业。农业是一个社会的根本,对整个社会来说非常重要。虽然有的区域或者国家可能是以工业为主,或者主要是以工业生产来为人们创造财富,但只要有人类存在就离不开食物,离不开农作物,这些都是农业提供的。

我们在这里讲到的农业建筑,指的是具有生产性的农业建筑,也就是为创造或者改善农业生产的环境或者条件的建筑。所以,农民居住的房屋不应当归属于这个范畴,而应当归属于居住建筑里。

据考古研究证实,早在6000多年以前,在陕西半坡,中国古代居民就已经开始建造用来烧制陶器的窑厂,除此之外,还发现了当时人们建造的用来存储粮食的窖穴,甚至当时的人们就已经开始建造圈养牲畜的围栏。这应当可以算作是中国最早的农业建筑了。随着人类文明的不断进步,人们关于农业建筑的建造要求以及工艺也在不断地提升。在殷墟,这座距离现在超过3000年的商朝末期的都城遗址中,人们发现了当时的商朝人建造的已经具备一定的防潮功能的用来存储粮食的窖穴,这对于粮食存储是非常重要的。

温室

10. 最早的城市建在哪里

提到"世界之最"也许很多同学认为不少的"最"都来自中国,也不奇怪,中国拥有世界最多的人口、最高的山峰、最高的平原、最早发明火药、最早使用指南针。那么世界上最早的城市是不是出现在中国呢?现在普遍认为,世界上最早的城市出现在五个区域,分别是古埃及、美索不达米亚平原、印度河流域、黄河流域、中美洲,这样看来中国的黄河流域的确是孕育世界上最早城市的区域之一。

但到底世界上最早的那一座城市出现在什么时间、什么地方,城市的名字叫作什么,那么根据现在可查的文献资料来看,这座城市应该叫作杰里科,位于约旦河西岸。

这座城市,有着非常非常悠久的历史,关于它的故事,也很长很长。

杰里科的历史之悠久超乎我们的想象,通过考古考证,在距今近10000年以前就已经存在。其中,杰里科往西2千米的比宁古城遗迹已有9000年的历史。公元前8000年时,在这里已经形成了四周砌有城墙的城镇,且居民超过2000人。现在的人们前往杰里科,除了感受着万年的城镇之外,还会参观库姆兰藏经洞和死海,以及伍麦叶王朝时的夏姆宫殿——这座宫殿距离现在超过7300年,是北京故宫年龄的12倍。

另外,杰里科的海拔低于海平面300米,是世界上海拔最低的城市。

杰里科纪念邮票

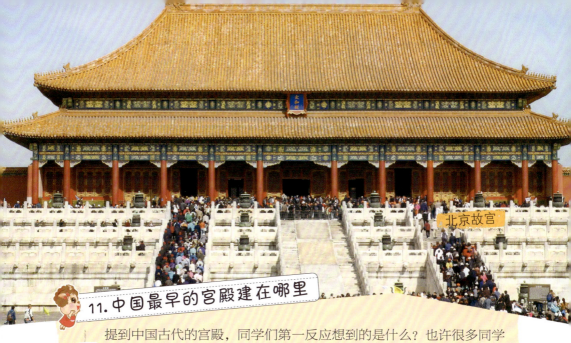

北京故宫

11. 中国最早的宫殿建在哪里

提到中国古代的宫殿，同学们第一反应想到的是什么？也许很多同学首先想到的是北京故宫，有的同学可能会说是恢宏的大明宫，或者未央宫，甚至还有阿房宫。那么，这几座著名的宫殿到底哪个才是中国最早的宫殿呢？我们来看看它们的建造时间吧。

这几处建筑中最著名的莫过于北京故宫了，它是现存世界上最大的、保存最好的木结构宫殿，占地超过 72 万平方米，曾经是明清两个朝代的皇宫，于公元 1420 年建成。算算时间，也有近 600 年的历史了，但远远算不上是最早的。

大明宫，盛世唐朝的皇宫，占地面积是北京故宫的 4.5 倍，建造时间也比故宫早了不少。它于公元 634 年始建于长安，也就是现在的西安。当时的大明宫可是世界上最辉煌的宫殿呢，但是唐末时战乱频频，它也未能幸免于难，而今我们只能看到它的遗址。大明宫虽然已经被毁了，但它能考证的建造时间比北京故宫又早了近 800 年。

还有我们刚刚提到的未央宫和阿房宫分别建于汉初和秦朝时期，距离现在超过 2 000 年的时间了。但这些都算不上是中国最早的宫殿。

在河南省偃师市二里头遗址发现的大型古代建筑遗址，被证明属于遥远的夏商王朝时期的宫殿，距离现在可能有近 4000 年的历史了，它被认为是迄今发现的中国最早的宫殿。

细钢筋

钢丝

12.什么是钢筋

随着全国各地城市建设的发展,同学们在平时能够看到越来越多的建设工地。有的在建设高楼大厦,有的在建设地铁站、城轨站,还有的在建设其他公共设施。平时注意观察的同学们可能会发现,不管是在建设哪一种建筑,工地上有一样东西必不可少,那些东西总是成捆地摆放在工地上,或者被工地上的塔吊高高吊起,看上去很沉很结实。还有的时候我们能够在一些拆除的建筑墙体里发现它们,一根一根的,与墙体融为一体。你们想到那是什么了吗?对,那就是钢筋,是在现代建筑中常见的一种建筑材料。

随着建筑工艺的发展,以及人们对于建筑的要求越来越高——尤其是对于建筑的坚固程度以及安全性的需要,使得钢筋成了大型建筑不可或缺的一部分。为什么在建筑中需要使用钢筋呢?那是因为钢筋独特的物理性能配合混凝土使用能为建筑提供很好的强度性能。那么是不是所有在建筑工地上使用的钢筋都是一样的呢?当然不是了,根据不同的性质,钢筋还可以分成许多种类。例如,按钢筋的粗细可以分为粗钢筋、细钢筋以及钢丝;按钢筋的生产工艺可以分为冷拉钢筋、冷轧钢筋、热轧钢筋以及热处理钢筋;按钢筋在整个建筑结构中的作用可以分为架立钢筋、受压钢筋、受拉钢筋等。

13. 什么是砌体结构

说到砌体结构大家可能会觉得很陌生，也许有不少同学会问：什么是砌体结构？砌体结构是做什么的？是不是写错了呀，是气体结构吧？其实，如果把砌体结构解释一下，大家就会恍然大悟了，我们身边许多的建筑可能都是砌体结构的建筑。为什么这么说呢？因为，砌体结构又被称为砖石结构，是由砖块、石块等建造的一种结构。

看到这里可能有的同学立刻明白了。原来，我们经常看到的由建筑工人一块砖一块砖用水泥粘接的房屋就是砌体结构呀！是的，从某个方面是可以这么说。

其实，不仅是我们最常见的低层房屋，还有许多许多世界闻名的建筑都是砌体结构的。比如，万里长城这一世界性的著名建筑，就是劳动人民在2000多年前用石头和砖块建造的，这些石头都是天然形成的，整个万里长城也是砌体结构的代表作。除了万里长城之外，还有位于河北赵县、建造于隋朝的安济桥，以及灌溉了成都平原的世界水利工程奇迹都江堰，都是砌体结构建筑。除了我国的砌体结构建筑明星之外，国外还有不少的砌体结构建筑明星。比如古罗马斗兽场，还有巴台农神庙，哪个不是响当当的名字？

有同学可能发现了，怎么这些砌体结构建筑明星都是距离现在很远的古代建筑呢？是的，这一方面证明了砌体结构有它的优点，让这些建筑可以长久地屹立；另一方面也证明了在现代建筑中砌体结构正在逐渐被其他的建筑工艺所取代。

长城

古罗马斗兽场

14. 什么是桩基础建筑

桩基础建筑，顾名思义，就是指使用桩基础的建筑。那什么是基础？什么是桩基础？什么又是桩基础建筑呢？

我们在学习的时候，老师总是会跟我们说：小学的时候要把知识学习牢固，为将来的学习打好基础。这个基础，跟建筑里面的基础含义一样吗？还真有联系！

基础的本义是指一个事物发展的起点。在建筑中，基础就是指与地基接触，并把建筑上面部分的重量传给地基承重部分。由此可见，地基与基础并不是同一回事。而桩基础则由承台与基桩组成，其中，基桩就像一根根长长的钉子一样扎在地下，帮助稳固建筑。那么桩是什么呢？字典里说有一头插到地里的木棍或者石柱就是桩，那么之前说到的一根根扎在地下的长钉就是桩了。

桩基础建筑在我们的生活中常见吗？答案是肯定的。在许多建筑中，尤其是不少的高层建筑中，桩基础的应用非常广泛。桩基础是不是随着科技的发展在近代才出现的呢？桩基础的工艺水平当然是随着现代科技的进步得到了不少的发展，但是人类使用桩基础的历史可是让你意想不到地悠久。早在 7000 多年以前，人们为了避免野兽的袭击而把定居点建在沼泽或者湖泊上，使用的就是桩基础的结构。

基桩

旧式砖木屋

15. 什么是砖木结构

在谈砖木结构之前，我们必须先说说什么叫作房屋结构。房屋结构，又称为房屋建筑结构，是指房屋的主要承重体依据其材料不同进行的分类，其中的承重体又被称为承重构件，主要包括房屋的墙、柱、梁等。

现在我们就能自己概括出什么叫作砖木结构了，就是指建筑物的屋架以及楼板等使用木结构，墙、柱等使用砖结构的一种建筑结构。砖木结构的建筑在中国大城市的远郊区，或者一些中小城市里还是非常常见的。同学们的父辈应该对砖木结构的建筑了解比较多。砖木结构的建筑，根据其材料的不同还能细分成几个等级。如房屋前沿的横墙以及两侧山墙的厚度超过一块砖厚度的，被称为一等砖木结构建筑；而如果房屋的山墙只用木架来支撑，再用其他假墙或者半砖墙填充就只能是三等砖木结构建筑了。

砖木结构建筑能够在我国相当多的地区得到广泛的应用，主要是因为它的材料来源非常广泛，尤其是在农村地区，砖木都能就地取材，所以造价也相对较低；由于没有使用钢筋和混凝土，所以砖木结构建筑的自重一般都不大，而且方便分割室内空间；另外，砖木结构建筑施工也比较容易。

不过正因为这些特点，砖木结构建筑使用年限较短，坚固程度不够，能建造的层高较低，对土地资源的利用不够。

16. 砖混结构于什么时候开始兴起

砖木结构的房屋是以砖和木材为主要建筑材料修建的房屋，砖木结构的房屋在我国一些中小城市中比较常见。那么我们的生活中，除了砖木结构的建筑之外，还有其他结构的建筑吗？有的。接下来我们就来了解另一种较为常见的建筑结构——砖混结构。

砖混结构是以砖与混凝土为建筑材料的结构。详细地说，砖混结构的建筑中既有砖结构的部分——垂直方向的墙、柱等，也有钢筋混凝土结构的部分——水平方向的梁、楼房板等。我们已经知道，砖木结构的建筑在人类建筑历史中，很早就被使用了。相比之下，砖混结构就年轻多了。直到 19 世纪中期，随着钢筋、混凝土、水泥的广泛应用，砖混结构才得到了广泛的应用，砖混结构的建造工艺才得以迅速地发展。之后随着高强度的砂浆以及高强度砖的广泛应用，以往只能用于低矮建筑的砖承重墙的强度得到了极大的提升，随之而来也增强了砖承重墙建造高层建筑的能力。

但尽管如此，砖混结构的稳定性依旧是它的缺陷。

17.什么是钢筋混凝土结构

砖混结构建筑的主要建筑材料是砖和混凝土。其实，随着建筑科学以及建筑技术的发展，钢筋混凝土也成为另一种建筑结构的"主打材料"。

钢筋混凝土结构是指使用增加了钢筋作为加强结构的混凝土制造出的结构。在钢筋混凝土结构建筑中的主要承重构件是用钢筋混凝土制作的。

我们知道，最典型的混凝土是以水泥、砂、碎石等按一定比例混合而成的。混凝土因为其坚硬、抗压能力出众而得以广泛应用，但同时它也具有一些缺点，比如混凝土的抗拉伸能力较差。所以，人们想到了在抗拉伸能力差的混凝土里加入抗拉伸能力出众的钢筋。这样，发挥二者的优点，钢筋混凝土就诞生了。

混凝土技术在 19 世纪后期得到了重视与发展，不过早在 1849 年，朗姆波，一位法国人，就尝试把水泥刷在铁丝网的两面以制造更坚固的材料，这就已经具备钢筋混凝土的部分特点了。

虽然钢筋混凝土在现代建筑中已经被广泛地应用，许多的大型建筑、高楼、桥梁等都使用了钢筋混泥土结构。但它也有一定的缺点，如钢筋混凝土结构的施工受到季节、天气的影响太大；钢筋混凝土的自重较大，增加了对建筑底层结构承重能力的考验。

18. 钢结构有什么优缺点

2001年9月11日，发生了"9·11"事件，恐怖分子劫持的两架民用航空飞机撞向了著名的美国世贸中心双子塔（又称世贸双子星），导致这两座从1973年开始就屹立在纽约曼哈顿、超过400米高的纽约标志性建筑坍塌。然而，事件过后，人们开始研究大楼坍塌的原因时发现，导致大楼坍塌的原因并不是因为这两架民航飞机的撞击，而是由于民航飞机撞到楼后点燃了飞机油箱中的燃油。飞机携带的燃油非常多，这些燃油倾倒进了大楼并且开始燃烧。而正是由于燃烧带来的高温使大楼中的钢结构受到高温的烘烤失去了强度。所以，可以说，大楼是被烧垮的而不是撞塌的。这起事件也将钢结构不能耐高温的缺点放大展示在全世界人们眼前。

但是，不可否认的是，虽然钢结构的缺点不只是不耐高温，甚至还包括耐腐蚀性差等，但其突出的优点还是被广泛应用于各种大型、高层、重要建筑中。

首先，钢结构的强度较高，同时自重较轻。相比混凝土材料与木料，钢材的这些优点让它在建造高度高、跨度大等建筑时得心应手。

其次，出色的韧性、良好的抗震性造就了钢材料的可靠性。钢材和钢结构的制造以及安装工程中的机械化程度高，对于提高生产效率及建设速度有优势。

正是因为钢结构具有以上优点，所以世界上许多国家有不少标志性的建筑都是以钢结构形式存在的，比如巴黎埃菲尔铁塔、旧金山金门大桥、悉尼歌剧院等。

悉尼歌剧院

埃菲尔铁塔

19. 建筑物的耐久等级如何划分

大家都知道，许多东西都是有使用年限的，像汽车、家电等。而建筑物同样有使用年限，它被称为耐久等级。也需对建筑耐久等级进行划分。

关于建筑物的耐久等级，在《民用建筑设计通则》中进行了详细的规定。将建筑物的耐久等级分为四等，分别是：① 设计使用的年限为 5 年，这里主要包括一些简易建筑以及设计使用的年限不超过 15 年的临时性的建筑；② 设计使用年限为 25 年，包括一些能够方便对主要构件进行替换的建筑；③ 设计使用年限为 50 年的，在这个等级中，包括我们常见的住宅、学校等；④ 设计年限达到 100 年以上的，这个等级中的建筑都是特别重要的建筑或者存有纪念意义的建筑，像纪念馆、图书馆等。

那是不是指某一个建筑物在被建造之后就一定能使用达到规定的使用年限呢？答案也是不一定的。

虽然建筑的耐久度一直受到人们的重视，国家的相关部门也制定了相应的法律法规及部门规章进行约束。但耐久等级本身的含义就是指随着时间和环境的改变，建筑的结构也会改变，那么在规定的年限内建筑本身的稳固性还有安全性就会有所降低。但不需要对主要部件进行维修和更换仍能保持一定的安全性以及实用性。但如果环境因素发生了巨大的改变导致建筑构件的安全性能下降过快，那么在规定的使用年限内，该建筑依然有可能达不到安全的要求。

博物馆

学校

你已经注意到了在我们周围其实有不少平时没有注意过的建筑，我们也知道了建筑的历史其实非常非常的悠久，值得我们好好地去了解、去学习。从哪里开始学习呢？就从我们身边最常见的建筑——我们的住宅、学校或者商场着手吧。可是从这些平时非常常见且熟悉的建筑身上我们可以学到些什么呢？能学到的可多了！

你有没有关注过你所居住的住宅楼都是由哪些部分构成的？你有没有看过建筑工地上施工的现场？有没有发现每一栋楼都是从什么开始施工的？在教室里找找、在家里看看，能不能找到每个建筑所共有的构成？有没有窗？当然有了，但是你还能找到建筑的梁吗？对了，什么是梁，梁又是做什么的？在我们身边的事物身上，其实有很多陌生的知识等待我们去探究呢！

第二章 建筑物的构成

20. 建筑的地基就是它的基础吗

观察过工地建房子过程的同学们肯定会发现一个有趣的现象，建筑工人在楼房建设的最初期并没有急着开始往上建楼层，而是先往下施工。他们这是在做什么呢？难道要把房子修到地下去吗？其实呀，这是在为这栋楼房打地基。

地基指的是在整个建筑物的最下面用来支撑住这个建筑基础的土体，有的时候还有可能是岩体。从这个定义可以看出，楼房的基础和地基那可是两回事。基础是属于楼房的一部分，而地基本身是不属于楼房的，是地球的一部分。

那么，既然地基不是楼房的一部分，那为什么有的楼房在修建的时候还要先从地基做起呢？其实，这个"做起"并不是指做一个地基，而是把松散、不牢固的土层进行人工处理，使其变得更稳固、密实，才能让整栋建筑"坐"在上面不倾斜。这种地基被称为人工地基。但同时也有些地基的土质条件很好，不需要人工处理就已经是很好的地基了，这样的地基被称为天然地基。

由于地基对于一个建筑而言非常重要，所以对地基的要求也非常严格。它必须具备一定的强度，来保证能提供足够的支撑力给整个建筑；它的变形程度要控制在一定范围内，否则整个建筑就会下沉一截咯！而且整个地基不同部位的沉降能力要在一定的差别范围内，否则这里降得多那里降得少，会导致建筑变形甚至开裂的！地基还要具备良好的稳定性，以防止建筑发生倾覆的危险。

21. 建筑的基础有哪些

我们已经了解过了,在建筑中,基础就是指与地基接触并把建筑上面部分的重量传给地基的承重部分,是建筑的一部分,也是整个建筑的最下层。基础对于建筑来说非常重要,那么是不是所有的基础都是一样的呢?答案是否定的。不同类型的建筑、建造在不同地区的建筑、提供不同用途的建筑,都可能对选择基础的类型产生影响。而且,根据划分标准的不同,基础还可以分成很多类型。

首先,制作基础的材料就有不少,所以按材料可以将基础分为钢筋混凝土型基础和混凝土型基础,此外根据不同的建筑物需要还有灰土型基础、砖型基础以及毛石型基础。

其次,按照基础安置的深度不同,将安置深度在 5 米以上的称为深基础,将安置深度在 5 米以内的称为浅基础。

最后,按照基础受力的类型可以将基础分为刚性基础和柔性基础。其中刚性基础是指制作基础的材料抗压性比较强,但是抗弯曲能力较差。反过来,柔性基础的材料抗压能力可能并不出众,但是它的抗弯曲能力和抗拉伸能力能够帮助建筑在地基坚固度不够的情况下保持建筑的稳定。刚性基础的材料多为混凝土、毛石等,而柔性基础则一般由钢筋混凝土来制作。

除此之外,还有独立基础、满堂基础、条形基础、桩基础等。

钢筋混凝土基础

22. 墙体的作用是什么

墙体最重要的作用之一就是围护。围护是什么意思呢？围护的本意是围绕并且保护，在建筑中，围护的意思是指由屋顶以及墙体围绕成一个与外界相对隔开的空间，并且保护这个空间不受外界的声音、气候等影响。

有了墙体的存在，人们就能够有安全感地居住在自己的空间里。但是我们现在的房屋，也不是一个空旷的大空间，而是分成了客厅、餐厅、卧室、厨房、卫生间等各个单独的空间，这也是墙体起到的作用。墙体的这个作用叫作分隔空间，很好理解，就是帮助我们把一个大的空间按照功能以及需要分隔成若干个相对独立的小空间，这对于合理利用空间以及空间之间的相对独立是有意义的。

如果你以为墙体的作用就像屏风一样只是分隔空间的话，那你就错了。墙体还能够帮助建筑起到支撑的作用。比如我们家里面都没有柱子吧，可是怎么能够帮助这个住宅稳固而不倒呢？当然是靠墙体帮助支撑的了！

23. 楼板有哪些类型

在现代建筑中，尤其是多层建筑，除了墙体、基础、地基之外，还有个非常重要但不起眼的构件——楼板。楼板是一种分层并承担重量的构件。它的分层形式跟墙体不同，墙体是将水平空间分成若干个独立小空间，而楼板则是将建筑内的垂直空间分成若干独立层。同时楼板还会把楼层的重量，如人、家具等的重量通过墙体、柱体等传到地基。

随着社会的发展、科学的进步，建筑的材料、工艺，以及建筑的风格等都发生了很大的变化。楼板的发展也在这个变化中产生了不少新的类型。

顾名思义，木楼板的原料主要是木料。虽然木料有其天然、自重轻等受人喜欢的特性，但同时也因为其防火性不好、易潮、不耐腐蚀等缺点，在现代建筑的施工中很少用到。只有某些特殊风格的建筑，或者装饰等级较高的建筑中时有出现。

砖拱楼板是指用钢筋混凝土浇筑成密密排列的梁，在梁与梁中间用砖修成拱形，所以得名。这种楼板比较节省钢筋、水泥，但是因为它是拱形顶，导致使用过程中还要再次制作顶棚，所以费用反而较高。再加上它的抗震能力一般，所以能适用的范围就更少了。

钢筋混凝土楼板。这种楼板用钢筋与混凝土制作，所以其坚固性、耐久度、抗震等能力都较为突出，是现代建筑中最常见的楼板类型之一。

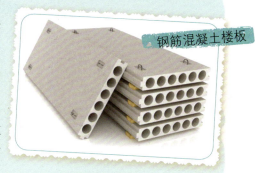

钢筋混凝土楼板

钢衬板楼板是用钢衬板与混凝土做成的一个整体楼板，现在主要使用在高层建筑中。

24. 什么是梁

在现代常见的建筑中，梁确实是普遍存在的。那么在一些古老的建筑里，是不是因为建得不高，就不需要梁呢？并不是这样的。如果有去过农村，或者去一些旅游景点的名胜古迹参观过的同学应该见到过，在古时的大宅子里，每间房里，抬头都可以看到几根大碗粗细的木头横在头顶上，那就是梁。而且有句俗话叫作上梁不正下梁歪，也是以建筑中梁的重要性来说明做人的道理的。由此可见，从古到今，梁在建筑中都是非常重要的。

那么，梁到底是什么？它又为什么这么重要呢？

在建筑中，梁是指在水平方向长条形的用以承重的构件。对于一座多层建筑而言，梁也是多层的，并不是只有最上面一层的屋顶才有梁。由定义可见，梁最重要的作用就是承重。我们之前也了解过了，楼板也具有承重的作用，但是梁可以帮助增加楼板的承重能力，使得建筑更加稳固，安全性更强。

25. 楼梯是由什么组成的

楼梯，是我们在日常生活中非常常见的东西。但是，如果要同学们来解释一下楼梯的定义是什么，恐怕不是每个同学都能说清楚的。在建筑中，楼梯是用来帮助楼层与楼层之间互相连通的建筑构件。看上去好像不好理解，也可以简单地认为，楼梯就是帮助人与物在楼层之间移动的通道。

在现代建筑中，虽然楼房建得越来越高，我们使用电梯的时候也越来越多，但不管是怎样的楼房，楼梯是必不可少的。多层的建筑，大多数情况下没有电梯，却不可能没有楼梯。另外，高层建筑在发生火灾等灾害时，电梯很有可能因为灾害而发生断电等事故，困在电梯厢中的人处境就非常危险了。相比之下，楼梯就安全多了。

楼梯我们见得多，但楼梯是由哪些部分组成的，有没有同学观察过呢？

楼梯的主要构成之一是楼梯段，又被称为梯段。就是楼梯上供人行走的部分。楼梯段上又有踏面和踢面，行走时放脚的地方是踏面，形成楼梯段上下高差的是踢面。

除了楼梯段之外，楼梯必不可少的部分还有楼梯平台。这个很好解释，就是我们上了一段楼梯之后拐弯转身上另一节楼梯的平台。别小看了这个平台，没有它的话，你站在自家楼下爬楼梯就可能永远都到不了自己家。

另外，绝大多数的楼梯还有栏杆扶手，用来帮助人们上下楼，以及保护人的安全。为什么说是绝大多数呢，留心观察的同学可能发现过，农村里的某些老房屋，以及自行搭建隔层的房屋里的楼梯就有没设扶手栏杆的，这样的楼梯的安全性就大大降低了。

坡屋顶

平屋顶

26. 坡屋顶和平屋顶有什么区别

南方农村和北方农村的同学，如果仔细观察的话，会发现在北方农村，农民的房屋屋顶多为平的；而在南方农村，农民的房屋屋顶多为有坡度的。为什么会这样呢？

有人说，那是因为不同的气候，决定了人们不同的生活习惯以及建筑风格。南方的天气多雨，古时人们的屋顶防水技术和材料比不了现在，所以人们把自家房屋的屋顶修成坡形，让雨水可以顺着屋顶上的坡度迅速地流下来，而不会渗透到屋里去；而北方相对少雨，所以人们对于屋顶防水的顾虑也不会像南方人一样，因此就将屋顶修成平屋顶。虽然随着建筑技术的发展，防水材料和技术能够保护屋顶免受渗水之苦，但北方建筑和南方建筑的不同风格在屋顶上的不同就这么保留了下来。

要说坡屋顶与平屋顶有什么区别，显而易见，它们最大的区别就是屋顶的坡度不一样。也就是说，虽然平屋顶的名称中有个"平"，但并不表示平屋顶就真的是没有一点坡度的。

平屋顶的"平"，只是相对于坡屋顶而言，实际上其本身还是有点坡度的，为的是引导雨水流向预留的下水处。就像之前提到的，现代建筑材料以及技术能够保护屋顶免受渗水之苦，所以现代建筑中，平屋顶因为其屋顶较为平整便于施工、能够灵活利用做成屋顶花园等优势，无论是南方还是北方，越来越多的建筑都采用平屋顶的形式了。

27. 门有哪些类型

如果有人说，门是建筑构件中大家最熟悉的一个，肯定有很多人都会赞同。相比于装修时想尽办法被隐藏的梁、房屋边缘的墙体等，人们与门的接触机会就要多多了。而且我们常使用的每种建筑都有门，比如商场、住宅、教学楼等，而且门的数量还很多。

门是什么时候出现在建筑中的呢？这个问题好像从来没有人准确地考证过。但可以想象，当我们的祖先尝试以洞穴为居时，出入洞穴的洞口，也就有了最早的门的雏形。门的定义是指建筑与外界出入口，以及安装在出入口上的开合装置。

至于门的类型，这个可就多了。就拿我们家里来说，厨房门、阳台门、大门、房间门等，我们可以按门的用途、安装位置、使用材料、打开方式等进行分类。

按门安装的位置，可以将门分为进户门与户内门。进户门就是俗称的大门，这是户内空间与公用空间之间的分隔屏障。这里说的户内门不仅包括各个房间的门，还包括厨房、卫生间的门，以及阳台上的门。

按常见的打开方式，可以将门分成平开门、推拉门、卷帘门、转门等。其中平开门最常见，一般家庭的进户门都是平开门。推拉门常见于户内门，这种门的打开方式是在门轨上左右滑动。卷帘门与转门常见于商场。

按材料还可将门分为木门、竹门、铁门、玻璃门等。

木门

平开门

柜门

进户门

28. 窗的材料有哪些

在现代建筑，尤其是现代居住建筑中，越来越多的人意识到，窗直接影响了建筑的品质。

因为人类生活是趋向阳光、通风、干燥的，而同时人们又期望自己的居所能够为自己带来足够的隐秘空间，这样一个双重要求的执行者就非窗莫属了。

窗的存在使人们对于居住环境的隐秘性要求以及居住环境的要求达到了和谐的统一。同时，制作窗所选用的材料也根据人们的具体要求而有所不同。

现代建筑中窗的类型主要有木质窗、塑钢窗、铝合金窗。

人类建筑中许多构件的材料都是从木材开始的，如梁、柱、楼板，窗也不例外。而发展到现代建筑中，木质窗几乎成为了昂贵的象征。这是因为使用木材的成本很高，工序很复杂。在将木材制成窗户之前，要对木材进行处理，去除水分和油类，为了美观还要保留它的天然花纹和质感，好的木窗还要隔热、隔声，所以只有高档场所或者具有特殊风格的建筑才会使用木质窗。

塑钢窗是建筑材料进化的成果之一。它的特点是质量轻、造价低，而且隔热性不错。但是人们对于塑钢窗的缺点也看得很清楚——易老化。当然，现代技术也能够制作出高品质的塑钢材料，但这是在提高塑钢造价的前提下，又使塑钢窗丧失了其价格低的最大优势。

铝合金是现在居住建筑中最常见的窗体材料之一。由于是属于金属类，所以其坚固、耐用，但作为金属，其导热性好的特点也使其隔热的作用较差。

29.建筑防雷装置有哪些

1749年富兰克林开始对闪电进行研究以来,人们对于闪电的了解与日俱进。原来被视为是天神发怒现象的闪电慢慢地被人们所熟悉,闪电的规律也慢慢被人们所掌握。同样,闪电带来的危害以及闪电的威力也越来越使人们相信防雷防电是必需的。

随着科技的发展,以及人们对于雷电现象越来越深入的研究,对于建筑物的防雷知识与技术帮助人们制作了系统的建筑防雷装置。

有必要告诉大家,现在许多建筑使用的防雷装置原理正是富兰克林基于他著名的"用风筝引雷电"的实验而来的。建筑物的防雷装置包括接引装置、引下线以及接地设备。富兰克林在1752年一个雷电交加的雨中放到天空中的风筝就像接引装置,它的工作是把闪电吸引过来。装在建筑上的接引装置当然不是风筝了,除了我们常听到的避雷针之外——避雷针就是

富兰克林发明的,还有避雷网、避雷线等。虽然它们的工作都是吸引雷电,但也有不同的特点。比如避雷线主要是用来保护建筑中的线路,而避雷网是吸引高层建筑受到的侧击的雷电。

接引装置吸引过来的雷电接下来就被引下线给接走了。因为引下线要接收强大的电流,所以粗细需要把握好,太细了可能瞬间被电击断。同时不要靠近窗户、水管等,以免给建筑内的人造成伤害。

那么,引下线传来的巨大电流到哪里去了呢?这就是接地设备的任务了。顾名思义,接地设备把引下线带来的电流全传给了大地。

避雷针

火灾报警器

紧急出口和灭火器

30. 现代建筑有哪些防火措施

建筑物,尤其是住宅,给人提供遮风挡雨的场所,供人们在其中工作、学习、生活。建筑的安全是提供给人们使用的前提条件。但我们在电视中总可以看到许多火灾给人们带来的惨痛损失,无论是财物上的还是生命上的。

现代建筑的结构越来越复杂,能够同时容纳的人员数量也越来越大,一旦发生火灾,造成的伤害也可能越来越严重。建筑的防火,成为人们日常生活中最为重视的安全问题之一。

那么,建筑在建造时可以从哪些方面提高建筑的防火能力呢?

首先,在选择建筑材料时可以选择耐火能力更高的材料。一般而言,我国建筑常用结构的耐火等级被分成四级,由耐火极限和燃烧能力决定其等级高低。比如其耐火极限越高,燃烧能力越低,耐火等级也就越高,最高为一级。其中耐火极限是指建筑中的构件从受到火烧到失去构件能力的时间。

其次,在建筑中设置防火间距以及防火分隔。尤其是对高层建筑以及建筑群而言,防火间距和防火分隔的设定可以使火势不会从一点蔓延到一片,避免整栋高层建筑或者建筑群全都过火。

以上两点是从防止火灾的产生以及控制火灾的程度出发的,另外建筑在设计建造时还必须考虑一旦火灾发生之后人员的安全疏散通道、火灾产生浓烟的排放、火灾的报警系统以及自动灭火系统,只有这些措施都合理得当地落实了,才能保障建筑以及人员的安全。

31. 现代建筑中的防火材料有哪些

防火，对于从事任何工作的任何人而言，都是排在首位的安全工作，无论是船员还是司机，无论是工人还是教师，哪怕是学生，都应当具备一定的防火意识。

在建筑行业，这一点就更为明显了。在设计建筑时，不仅从构造上、设施上都要充分考虑到防火效果。而科学发展到今天，有许多本身就耐热防火的，或者添加了一些耐热防火物质的建筑材料，这些材料被称为防火材料。

常见的主要防火材料有以下几种。

防火板。防火板的形态看上去跟大芯板一样，但其花纹、颜色等有很多种。防火板具有耐高温、阻燃的效果，安置在公用通道，如楼道、走廊等出口，能够帮助人们在火灾来临时安全疏散并阻止火势的蔓延。

防火门。防火门的材质类型较多，有木质、钢质等。木质防火门虽然是用木材制作而成的，但其特殊的制作工艺以及添加的原料能够帮助其进行防火。防火门主要安置在各种公用空间的出入口，能有效阻隔火势的蔓延。

防火玻璃。一般的玻璃耐热性能不佳，在火源的烘烤下易变形开裂，失去对火势的阻隔作用。而防火玻璃（共三种，即中空型防火玻璃、夹层型防火玻璃以及夹丝型防火玻璃），都有良好的耐热防火性能，已在图书馆、博物馆、金融机构、机场等建筑中得到了广泛的应用。

商务中心的防火玻璃

另外还有防火塑料、防火涂料、防火卷帘、防火包等防火材料也在现代建筑中广泛应用。

32. 现代建筑的抗震材料有哪些

2008年5月12日，发生于四川省汶川县的地震灾害，造成的死亡人数达到69227人，是我国在唐山大地震之后伤亡最为惨重的一次地震。

地震会给人类带来巨大的危害。有人统计，全世界每年发生的较为严重的地震次数在20次左右，而地震给人们造成的伤害绝大部分是因为地震中建筑垮塌造成的。所以，如何建造出能够抵抗地震的建筑，以及如何减少这些建筑垮塌时给人们造成的伤害，是建筑设计者必须要考虑的重要问题。

20世纪30年代的早期，我国的上海大厦、中国人民银行大楼等建筑就使用了一种质量轻、砖中有孔、具有良好的保温隔热性能且有一定防火性能、抗震性能的新型建筑材料——加气混凝土。这种加气混凝土制作出来的砖块重量是普通黏土砖质量的四分之一左右，如果跟一般混凝土砖相比，更是只有混凝土砖质量的五分之一。由这种加气混凝土建造的建筑的整个自重比一般的砖混结构的建筑轻一半左右。这样的建筑，在地震来临时，相对而言受到的地震破坏力较小，可以达到一定的抗震能力。

除此之外，还有复合碳纤维材料、抗震缓冲材料如EVA等材料在建筑上的合理使用也能够帮助提高建筑的抗震能力。

33.建筑中有哪些抗震结构

我们已经知道,地震对于建筑的摧毁能力是惊人的,同时,给人带来的危害也是巨大的。为了避免受到或者尽可能地减少地震的危害,人们在选择建筑材料时就煞费苦心。但这样就够了吗?不够,光是有合适的建筑材料,但是在设计建筑结构时却不考虑力学原理甚至违背地震的力学规律,还是不能建造出具有优良抗震能力的建筑。因此人们还研究出了能够抗震的结构,实践证明,抗震结构实际上才是抗震建筑的关键点。

多层砌体房屋,是以砌体结构房屋中的承重墙来作为抗震墙的一种具备一定抗震能力的房屋结构。

多层内框架房屋,指的是承重的外墙是砖墙,但建筑内以钢筋混凝土柱来承重的房屋,这样结构的抗震建筑多见于厂房、车间、商场等需要较大使用空间的公用建筑或者工业建筑。

底层框架砖房,从名称上就可以看出,这种建筑的底层为框架结构,适合需要较大空间的用途,上部则是由许多独立隔断空间组成。现在有不少的建筑是这样的结构,下面几层作为商场,上面十几层作为住宅使用。

随着现在建筑的高度越来越高,无论是居住建筑还是工业建筑,框架结构这个名词也越来越多被我们熟悉。但这也并不表示框架结构房屋的抗震能力非常出色,尤其是其横向的抗拉能力小,所以这一类建筑的高度受到了限制。

商场为多层内框架房屋

相比之下,框架抗震墙结构建筑抗震能力比以上几种好多了,但目前应用较多,抗震性能最好的还是抗震墙结构,因为它的抗震系统由横向纵向抗震墙组成。

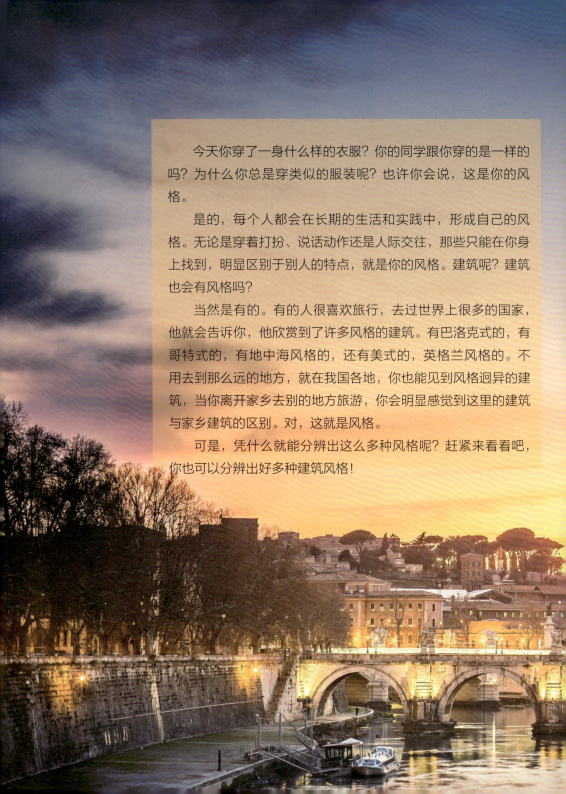

今天你穿了一身什么样的衣服？你的同学跟你穿的是一样的吗？为什么你总是穿类似的服装呢？也许你会说，这是你的风格。

是的，每个人都会在长期的生活和实践中，形成自己的风格。无论是穿着打扮、说话动作还是人际交往，那些只能在你身上找到，明显区别于别人的特点，就是你的风格。建筑呢？建筑也会有风格吗？

当然是有的。有的人很喜欢旅行，去过世界上很多的国家，他就会告诉你，他欣赏到了许多风格的建筑。有巴洛克式的，有哥特式的，有地中海风格的，还有美式的，英格兰风格的。不用去到那么远的地方，就在我国各地，你也能见到风格迥异的建筑，当你离开家乡去别的地方旅游，你会明显感觉到这里的建筑与家乡建筑的区别。对，这就是风格。

可是，凭什么就能分辨出这么多种风格呢？赶紧来看看吧，你也可以分辨出好多种建筑风格！

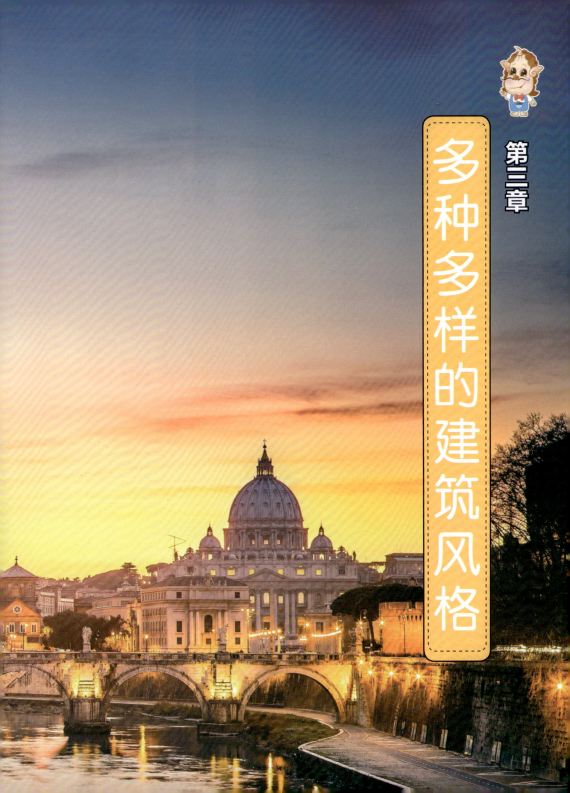

第三章

多种多样的建筑风格

米兰大教堂

巴黎圣母院

巴洛克式教堂

34. 什么是建筑风格

喜欢旅游的同学一定发现了，到一个地方，经常能发现这个地方的建筑与其他地方的建筑有很大的不同，出现这样的情况，就很有可能是因为你看到了两种不同建筑风格的建筑。

所以，建筑在设计时，通过建筑的内容、建筑的外部装饰、整个建筑的布局规划以及建筑方法等所表现出来的特点，形成了建筑风格。

那么，同一个用途的建筑，比如同为住房、教堂等，为什么会在建筑风格上出现很大的不同呢？这与这个地方从古而来的政治特性、社会类型、经济能力、宗教信仰、建筑资源等都有关系。比如同为宗教建筑，因日本当地的木质材料多，日本的神庙多以木质为材料，而欧洲的教堂则基本都是以石料为材料。

其中比较著名的有哥特式建筑风格和巴洛克式建筑风格。

哥特式建筑风格，在12世纪中期兴起于法国，属于欧洲建筑风格的一种。在哥特式建筑风格之前，欧洲的建筑风格以罗马式建筑风格为主流，而在哥特式建筑风格之后，欧洲大陆流行的是文艺复兴式建筑风格。许多欧洲的建筑都是此风格，比如米兰大教堂、巴黎圣母院等。

巴洛克式建筑风格，是在文艺复兴式建筑风格之后，于17世纪到18世纪风靡于欧洲大陆的。巴洛克式建筑以绚丽的色彩、动态的造型作为其标志。欧洲不少的天主教教堂是以此风格修建的。

35. 为什么有不同的建筑风格

我们知道不同地区的建筑外形是不一样的，不同时期的建筑外形也是有区别的，在世界各地有很多建筑师，他们通过大胆创新不断探索，设计出来的建筑也是各不相同的，这些种种的不同就形成了建筑风格。一般来说，我们可以认为对不同类型建筑师、建筑学校或者在不同时期建筑的特色描述成一种区域性或者国际性的建筑物的风格。这里说的建筑风格，不单单是建筑的外形方面，还包含内容方面的特征，也可以细分到建筑的平面布局、细节处理、形态结构、内部装饰、建筑手法等各方面创造出的意境。

建筑风格是受很多因素影响的，包括我们知道的时代、地域、建筑材料、建筑技术、当时的经济、当时的社会形态、当时的政治形势，还有就是人为的一些因素，比如设计思想、设计师的艺术素养等。很明显的一个例子：中国的建筑尤其是中国古代的宫殿建筑，是严谨对称的，对于主次结构是分明的，雕梁画栋、飞檐斗拱，这些都是具有中国特色的古典建筑手法；而外国的建筑则有很多是柱式，或者是很纤巧的。这样不同的建筑风格就可以很明显地区分开来了。

现在的建筑风格大致可以分为欧陆风格、新古典主义、现代主义、异域风格、普通风格、主题风格等。这些风格从不同的角度展现了人类建筑史的发展，让我们感受到建筑的魅力。

现代主义风格建筑

新古典主义风格建筑

36. 主要的建筑风格有哪些

我们知道了什么是建筑风格，让我们一起来看一下，究竟有哪些建筑风格。同学们应该还记得影响建筑风格的因素有很多，我们就从地域、类型、流派、方式四种不同的分类方法来看一下主要的建筑风格究竟有哪些。

首先，从地域来看，可以按照洲将建筑风格分为亚洲、欧洲和北美洲三种不同的建筑风格。亚洲根据其国家的不同又可以分为中式风格、日式风格和东南亚风格。其中日式风格和东南亚风格都比较简单，只有中式风格因中国悠久的历史而又有不同的分类，其中包括现代中式风格、中式风格和古典中式风格。而欧洲则有欧式风格和地中海风格两种，我们熟知的欧式风格又有田园风格、传统的欧式风格和古典欧式风格等。最后再来看下北美洲，北美洲就是美式风格，如果细分还可以分成美式田园风格和古典美式风格。

其次，按照类型来分就很简单了，包括住宅建筑、别墅建筑、写字楼建筑、商业建筑、宗教建筑，还有其他的公共建筑。

再次，按照流派分则可以分为古典主义建筑、新古典主义建筑、现代主义建筑和后现代主义建筑。其中古典主义建筑包括古希腊建筑风格、古罗马建筑风格、欧洲中世纪建筑风格、文艺复兴建筑风格。

最后，按照不同的方式可以将建筑风格分为哥特式建筑风格、巴洛克式建筑风格、洛可可式建筑风格、木条式建筑风格、田园风格和概念式风格。

建筑风格的种类有很多，我们可以通过日常观察来区分它们，同学们现在知道我们周围的建筑是多么有趣了吧！

田园风格

文艺复兴风格

泰晤士河上的伦敦塔桥

37. 英式建筑风格是什么样的

说到英式，很多同学想到的第一个词是不是绅士？英式建筑风格也跟英国绅士一样，给人文质彬彬、如沐春风的感觉。英式建筑不但注重空间的灵活和美感，更加注重整个建筑的实用性。我们在电视上经常看到英国的建筑，它们的空间运用都很灵活，整体建筑风格也很自然，并且运用了非常自然的颜色来装饰整个建筑，如蓝、灰、绿的色彩搭配，极富有艺术气息，会使整个建筑有一种动态的韵律和美感。试想一下，淡绿的草地，边上是深绿色神秘的树林，加之金黄色的麦田，在这些景色当中，有一座尖顶的教堂，教堂的钟声不紧不慢地响起，配合旁边红顶小楼升起的炊烟，这是一幅多么美好的画面啊，自然与建筑融为一体，那么和谐，这些景色和建筑也就构成了英国乡村最基本的图案。

英式风格除了这种美丽祥和的构图外，英国的建筑实用性都很强。它们很少用钢筋混凝土，而是用砖、木材和钢材等材料。英国的建筑一般都是红砖在外，屋顶是斜的，呈深灰色，墙面是白色或者说是灰色。它们的隔热性非常好，房屋的墙一般都是三层的，从外到内依次是红砖、厚海绵或者带金属隔热层的薄海绵构成的隔热层、灰色的轻质砖，这样墙体非常厚，一到冬天开启暖气，整个屋子就会变得热乎乎的。英式建筑风格以其古老和优雅成为世界建筑史上非常重要的建筑风格。

38. 古典主义建筑风格都有哪些

古典主义建筑按其字面意思来解释就是以古典主义风格建造的建筑，一般来说是西式建筑风格中的一个类别。但是专业地来解释就可以理解为两种含意，一种是广义的古典主义建筑，另一种是狭义的古典主义建筑。广义的古典主义建筑指的是均采用古典柱式的，在古希腊建筑和古罗马建筑的基础上发展起来的一些建筑，如意大利文艺复兴建筑、巴洛克建筑，还有古典复兴建筑。狭义的古典主义建筑则是指那些真正运用古希腊、古罗马建筑还有意大利文艺复兴建筑和古典柱式的建筑，这里主要指的就是法国古典主义建筑。我们通常理解的古典主义建筑指的就是后一种狭义的古典主义建筑。

古典主义是法国文化艺术的主导潮流，在17世纪下半叶成为一种主导。古典主义美学认为所有的艺术都需要有严谨的方法，就像数学一样需要有较为明确和清晰的规则与规范，他们的哲学基础就是唯理论。不仅仅是在建筑上，在文学、绘画以及戏剧等艺术门类中都是一样的，而在建筑中就形成了古典主义建筑理论，他们认为"美产生于度量和比例"。其实有很多著名的建筑都是古典主义的代表作，如凡尔赛宫、巴黎卢浮宫东立面，也都突出了古典主义建筑的原则。这一建筑风格常见于宫廷建筑以及纪念性建筑，还有很多大型的公共建筑，它以法国为中心，很迅速地向欧洲乃至世界其他国家传播，它是人类建筑史上的一笔宝贵财富。

39. 究竟什么是"哥特式"

哥特式是一种起源于法国12世纪下半叶的建筑风格，这种建筑风格在13世纪到15世纪流行于欧洲，并且主要是天主教堂常采用这种建筑风格，后来慢慢地影响到世俗建筑。哥特式建筑最明显的特点就是它们的尖顶高高耸立，并且窗户上有大幅斑斓的玻璃画，我们所知道的意大利米兰大教堂、德国科隆大教堂、法国巴黎圣母院和凯旋门、俄罗斯圣母大教堂都是这一风格的建筑。这时的教堂不但是一座宗教意味浓厚的建筑，而且也开始成为人们在城市中聚集的重要场所，并且成为剧院、市场等供民众使用的地方，在宗教节日里，教堂会成为最为热闹的聚会地点。

第一座哥特式的建筑是哪个呢？就是1143年建在法国巴黎的丹尼斯教堂，它用四尖券（xuàn）来解决各拱间的拱顶结构问题，并且出现了大面积的玻璃花窗，这一特色的装饰，后来成为很多教堂效仿的对象。很高的尖顶和拱门、美丽的玻璃花窗，都营造了哥特式建筑轻盈的感觉，让人无限遐想。除此之外，哥特式建筑采用了新的框架结构支撑顶部，使得整个建筑更具有线条感，雄伟的外观和教堂内超大的空间，再加之彩色的玻璃花窗，让整个教堂都充满了浓厚而又神秘的宗教气氛。哥特式建筑以其独特的风格在世界建筑史上写下了浓重的一笔。

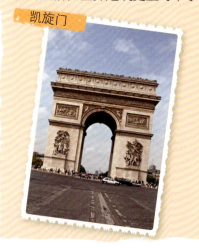

凯旋门

科隆大教堂

托斯卡纳

普罗旺斯

40.地中海建筑风格是怎样的

地中海建筑风格带有浓厚的浪漫气息，闲适不乏宁静是整个地中海建筑风格所包含的生活方式，并且将这一生活精髓表现得淋漓尽致。地中海建筑风格主要是指沿欧洲地中海北岸的建筑，这里有西班牙、葡萄牙、法国、意大利和希腊等国家的沿海地区建筑，它们将地中海风格和当地的乡村风格做了一个很好的结合，产生了让人意想不到的效果。浪漫、舒适、宁静、包容是这些经典建筑风格所包含的内容。最出名的要数法国的普罗旺斯、意大利的托斯卡纳等。因为这种生活方式和生活理念不是所有人都可以接受的，所以地中海式建筑风格通过和欧洲其他地区的建筑风格融合，逐渐演变成了豪宅的代名词，让人们对这种建筑方式或者说生活方式产生了无限遐想。

地中海建筑常见的元素有三个，一是长长的廊道，在其尽头垂直拐弯；二是半圆形高大的拱门一个连着一个，一般有数个，或者连接在一起，或者垂直交接在一起；三是墙面上镂空部分的绝美景致。虽然地中海建筑给人的感觉是豪宅，但是它并没有使用名贵石材，而是用比较天然的普通石材表现自然的感觉。除此之外，地中海风格的建筑在细节处理上也是非常细腻精巧，它们会使用建筑圆角让整个建筑更富动感，再配上大大小小窗户用作装饰。

41. "巴洛克"是什么意思

我们知道建筑风格里有一个巴洛克式建筑风格,但是巴洛克是什么意思呢?这个词最早来源于西班牙语,意为"不圆的珍珠",而欧洲起初用它形容一种缺乏古典主义特有的均衡性的奇怪风格。它原来是18世纪对古典艺术特别有感情的人对17世纪不同于文艺复兴风格的一种贬低,但是现在已经失去了这层贬低之义,仅仅是指17世纪的一种艺术风格。

知道了什么是巴洛克后,我们就可以想象巴洛克建筑是一种怎样的建筑了。17~18世纪意大利发展起来了一种建筑和装饰风格,这种风格是在文艺复兴基础上发展而来的,它就是巴洛克建筑。巴洛克建筑的特点比较符合它的字面意思,就是外形会比较自由,有种动态美,装饰和雕刻偏向富丽堂皇,并且颜色有很强的对比,会有不同的空间穿插其中,整体感觉是很自由奔放的,并且富于变化,西班牙的圣地亚哥大教堂就是这一时期的典型建筑。

之所以有巴洛克式建筑风格就是因为当时有些设计师很反对僵化的建筑形式,他们大胆创新,追求自由奔放的感觉,这种一度被人们认为是离经叛道的建筑风格正好符合"巴洛克"一词的本意,所以巴洛克式建筑风格就这么产生了。

巴洛克式室内风格

维拉诺宫是巴洛克式建筑代表

日本寺庙

42. 日本建筑风格是怎样的

日本拥有十分悠久的历史，它的建筑风格也跟它的历史一样，十分的悠远，并且深受中国建筑的影响，只是后来慢慢发展出了属于日本自己特有的风格。日本的现代建筑深受其民族文化影响，表达了日本的传统文化和现代相融合的特点。日本的现代建筑的发展经历了很多不同的阶段，从全盘西化的阶段、帝冠式与和风样式的传统风格阶段，最后才到达目前大家所能看到的日本现代建筑阶段。

日本的建筑有一个独具特色的地方，那就是"灰空间"。这个灰空间其实是一种室内到室外的过渡，这一部分空间会将室外的空间和室内空间做一个和谐的连贯。它的存在一定程度上弱化了建筑物室内室外的界限，有机地结合成为一个整体。

日本建筑在装修的时候，非常注重每一个角落、每一个细节的不同，会采用不同的材料来表现不同的意境，如会用沙与石山来表现复古的感觉。

日本还有一个具有代表性的建筑，就是日本城堡，这种有着2000多年历史的建筑，见证着日本的历史。这一历史不仅仅是文化上的更是日本的战争历史，也是日本从古至今军事变革的见证产物。

43. 洛可可式建筑风格是怎样的

说到洛可可式建筑风格就不得不提起巴洛克式建筑风格了，因为洛可可式建筑风格是在巴洛克式建筑风格的基础上发展而来的，产生于18世纪20年代的法国，成为欧洲的一种流行风格，不仅仅是建筑风格，包括室内装饰风格和绘画风格都有它的体现。洛可可式建筑风格是以其纤弱娇媚、华丽而又精巧为基本特点，并且甜腻而又温柔，纷繁而又琐细。它区别于那些雄壮而又粗线条的建筑，以其精巧闻名于世。

洛可可式建筑风格其实最初是因为不融于古典主义的严肃古板和巴洛克的喧嚣放肆，为了追求华美以及闲适而发展起来的，它们在欧洲封建贵族文化衰败的前提下，将贵族阶层的颓废情绪表现得淋漓尽致，它最初出现时就是以室内装饰的形式，最后发展到绘画、工艺品以及文学领域等。洛可可式建筑风格往往不用对称的粗线条手法，它的主要线条是弧线和S形曲线，装饰题材则多为山石、旋涡，还有贝壳等，这种将自然和建筑很好地融为一体的风格，深受人们的喜欢。很多时候为了模仿自然形态，洛可可式建筑风格也会适当地根据实际情况来设计形状，变化万千，但有时这种设计又会过于夸张，显得矫揉造作。

凡尔赛宫的镜厅是洛可可式建筑风格的代表作

44. 美式建筑风格究竟是什么样的

美式建筑风格是一种奔放自由的风格，因为美国是一个以移民为主的国家，有世界各个主要民族的后裔，虽然它没有太悠久的历史，但是它有着很悠久的文化。这样一个由多民族融合的国家，其建筑风格也受到不同地域文化的影响。尤其是英国、法国、德国和西班牙等地，包括美国本土的一些土著民族的影响，都对美式风格的形成贡献了一份力量。随着经济不断发展，各种适应新功能、满足人们需求的住宅形式也纷纷出现，绚丽多姿的美式建筑风格也在这种大的趋势下应运而生。

美式建筑风格可以根据不同的时期来划分，共有四个阶段，即古典时期的风格、文艺复兴时期的古典风格、中世纪时期的建筑风格和现代建筑风格。美式建筑可以说是混搭的风格，它不是一步步发展而来的，而是在同一个时间点上受到了太多种已经成熟的建筑风格的融合和相互影响，所以它还呈现出丰富多彩的国际化。但是有一点是可以肯定的，美式建筑风格在发展的过程中，集合了太多美国人的生活方式，他们自由、活泼、善于创新等，这样就使美式建筑风格的住宅成为了世界上最先进、最人性化、最富有创意的一种。

美国国会大厦

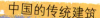
中国的传统建筑

45. 中国建筑风格的特征是什么

中国建筑作为世界建筑史上最为重要的一个分类，具有很悠久的历史，并且包含了中国、日本、韩国等具有很明显的东方特征，而根据中国古代体制的关系，这些地方的建筑都可以称为中国系建筑。

既然有这么多地方都深受中国建筑风格的影响，那么中国建筑风格的特征究竟是什么呢？其实中国建筑风格不同于西方所有建筑风格的特征之一就是木结构建筑体系，从很早的时候起，中国的木结构建筑技术就已经走向成熟，并且根据朝代的不同，木结构建筑也表现出不同的建筑风格。唐朝以前，中国的建筑多以夯土为主要的承重结构，然后用木结构框架作为一种辅助手段。唐代以后，中国的木结构建筑技术才慢慢成熟，已经可以不使用夯土这种容易潮湿塌陷的材料，而改用榫卯连接整个木结构的构件。除了这些在建造手法以及材料上与西方的建筑不同外，中国建筑风格还有很多自己细节上不同的地方，如飞檐斗拱，无处不体现着建筑的精致、细节的与众不同。雕梁画栋更是表现出了中国建筑的富丽堂皇和非凡的彩绘装饰。中国的建筑风格虽然跟古罗马的柱式建筑风格不同，但是它也有雄伟如长城般的建筑，以及细腻如苏州园林般的建筑，它随着中国悠久的历史而不断发展，包罗万象，让后世在看到一个个精彩建筑的同时，可以想象到它们背后的悠久历史。

中国有很多著名的建筑，曾有过许多让人耳熟能详的故事，但是究竟有多少人真正了解这些著名的建筑呢？拥有5000年灿烂文明的中国究竟有哪些让我们引以为傲的建筑？这些故事是否真的发生过？为什么北京城里住的都是四合院？为什么南方有那么多的吊脚楼？为什么秦始皇的陵寝里有那么多真人模样的兵马俑？孟姜女是不是真的哭倒了长城？电视里出现的"乔家大院"是不是真的存在呢？故宫里究竟是否还藏着古代皇帝留下的宝藏？为什么中国这么多建筑都充满了神话色彩？你可能都不知道这些著名建筑背后的故事，那么现在就带领大家一起走进中国建筑的知识殿堂。

第四章
守望著名的中国建筑

46. 最早的四合院出现在什么时候

说到四合院，很多同学的脑海中肯定第一时间涌入的画面就是狭长的胡同，各种小贩的叫卖声，推开大门，眼前豁然开朗，四面有房屋，中间有天井，这就是北京四合院，也是中国四合院的基本格局。

最早的四合院出现在什么时候呢？其实四合院的历史非常悠久，在距今3000多年前的西周时期就已经出现了四合院，目前中国已知最早、最严整的四合院就是陕西岐山凤雏村在周原遗址出土的两进院落建筑遗迹。什么是两进院落呢？我们知道四合院是三面房屋加了门房的屋舍来封闭的，那么整个院落呈"口"字形的就叫一进院落，"日"字形的是二进院落，"目"字形的是三进院落。一般来说第一进就是门屋或倒座房，可以作私塾；第二进是用来招待客人的厅堂；第三进就是私室或者闺房，一般外人是不得随意进入的。古人有云"庭院深深深几许"就很直观地说明了四合院的结构。

在古代四合院居住是有着明显等级观念的，比方一进的倒座房就是仆人住的地方，二进是主人居住的地方，老人住上房，长子住东厢，次子住西厢，女儿住在三进院落里。但是到了现代就完全不同了，最明显的是北京四合院通常都会有几户人家住在一起，没有尊卑，没有等级，大家像一家人一样地生活，"远亲不如近邻"就是四合院最好的写照。

乔家大院

47. 中国建筑使用的"瓦"出现在什么时候

我们常见的瓦是以黏土为主要原料制成的，人们常常将它加盖在屋顶上，用以防止雨水渗进屋内。除此之外，瓦还可以隔热，因为交叠铺设的瓦片能够产生一定的空气间距，这个间距就是最好的隔热层，它能够防止太阳照射产生的热量直接传递到屋内。另外瓦还有很好的隔声、防紫外线等功能，因此瓦从古至今都是人们在建民居时必不可少的材料。

同学们现在知道什么是瓦了吧，但是最早的瓦出现在什么时候呢？根据考古学家的考证：在西周前期人们就已经发明并且使用了瓦，大家还记得我们说过最早、最严整的四合院所在地吧，对了，就是在陕西岐山凤雏村的遗址处，考古学家发现了为数不多的瓦。后来专家在陕西扶风召陈遗址发现了很多质量较好的瓦，说明西周中晚期瓦已经被普遍使用了。直至后来瓦不论从工艺上还是形状上都得到了很大的改进，瓦的功能也得到了极大的提高。当然除了中国，外国使用瓦的时间也比较长，早在公元前640年，希腊奥林匹亚兴建的赫拉神庙就是最古老的使用屋瓦的建筑物。但尽管如此，中国使用瓦也是早于外国很多年，仅凭这点就可以看出，我们的祖先是多么的智慧啊！

48. "砖"出现在什么时候

"砖"可以说是我们见到的使用非常广泛并且历史也较为悠久的一种建筑材料了，它是最传统的砌体材料，中国的砖出现在春秋战国时期，当时的砖是长形和方形的，以黏土为主要原料。"秦砖汉瓦"说的就是秦汉时期制砖的技术和生产规模，以及砖的质量、花式、种类都有很显著的发展。

时至今日，砖的种类可谓是五花八门。如果按建筑工程中砖所使用的部位不同，那么可以把砖分成砌墙砖、楼板砖、拱壳砖、地面砖、下水道砖和烟囱砖等。其中砌墙砖又可以根据不同的建筑性能分成承重砖、非承重砖、工程砖、保温砖、吸声砖、饰面砖和花板砖等。并且根据砖的生产工艺不同还能将其分成烧结制品和非烧结制品两类。同学们就会问了，什么是烧结？其实烧结又叫"焙烧"，就是黏土质材料里面的矿物质在一定温度下先形成熔融物，再经冷却后黏结成形并具有一定物理、力学性能的工艺。

除此之外砖根据其原料不同还能分成黏土砖、页岩砖、煤矸石砖、粉煤灰砖、炉渣砖和灰砂砖等。砖根据其外形不同还可以分为实心砖、微孔砖、多孔砖、空心砖、普通砖和异型砖等。现代的砖已经从以黏土为主要原料逐渐向利用煤矸石和粉煤灰等工业废料的方向发展，并且已经由实心向多孔、空心发展，由烧结向非烧结发展。

砖的分类如此繁多，这正是它在建筑工程中重要地位的体现，大家现在应该对砖有个基本的认知了吧。

49. 世界上最大的古建筑群是北京故宫吗

北京故宫也叫紫禁城,是古代皇帝办公居住的地方,也是现存世界上最大的、保存最为完整的古建筑群。为什么要叫北京故宫,而不是叫故宫呢?其实很简单,因为故宫并不是北京城里独一份,南京、沈阳和台北都有故宫,就连我们的邻国韩国也有故宫,但是唯独北京故宫被称为"紫禁城",现在就让我们一起走进北京故宫,看看它是如何的恢宏壮丽吧!

北京故宫可是明清两个朝代的皇宫,它位于北京中轴线的中心上,占地面积有72万平方米,建筑面积约15万平方米,这么大的面积得有多少房子啊?让我来告诉你吧,故宫共有9999间半房子。虽然北京故宫这么大有这么多的房子,但是建设它仅仅用了14年,从1406年明成祖时期开始建设一直到1420年就已经基本竣工了。除了如此多的宫殿,宫城周围还环绕着高12米、长3400米的宫墙,墙外还有52米宽的护城河,形成了一个防卫森严的城堡,怪不得明、清两朝皇帝都将北京故宫作为自己办公居住的地方呢。

50.著名的天坛是最接近"天"的地方吗

天坛是世界文化遗产，更是现存中国古代规模最大、伦理等级最高的祭祀建筑群。之所以称为"天坛"，并不是因为它是最接近"天"的地方。其实它是明清两朝帝王祭天、祈谷、祈雨的场所。天坛始建于1420年，正好是北京故宫基本竣工的那一年，当初被叫作天地坛，因为当时是天地合祭的。后来在嘉靖九年另建了地坛，由于天地坛专门用于祭天、祈谷、祈雨，所以就改名为天坛了。

现在大家看到的天坛，其实已经不完全是最早建造的天坛了，除了祈年门和皇乾殿是在明代建造的以外，其他的建筑都是在清代建造的。整个天坛占地约273万平方米，足足有4个北京故宫那么大，并且整个天坛的布局都相当严谨，建筑结构非常独特，将力学、声学和几何学等原理巧妙地糅合在一起，并且其设计处处都显现了"天"的至高无上，具有特别的寓意，并有很高的历史、科学和文化价值，在我国的建筑史上具有很重要的地位。

整个天坛分为内坛和外坛，中间由坛墙分隔开来，整体呈"回字形"，主要的建筑都集中在内坛，南边有圜丘坛和皇穹宇，北边则有祈年殿和皇乾殿，这两部分之间有隔墙，并且由"丹陛桥"构成内坛的南北轴线，连接圜丘坛和祈谷坛。著名的"回音壁"就是在皇穹宇里，而皇穹宇殿前到大门中间的那条石板路上从北往南数的前三块石板则是有名的"三音石"，它们都是因为能听到回音而声名远扬。

51. 长城是世界上最长的人造建筑吗

长城也叫"万里长城"，是中国古代在各个时期为了抵御塞外游牧部落联盟的侵袭，而筑成的军事工程的一个统称，也是世界上最长的人造建筑，因为它绵延21196.18千米，比长度第二位的伊朗戈尔干长城长了大约108倍，是当之无愧的最长人造建筑。

目前长城遗迹主要是明长城，西起嘉峪关，东至虎山长城，所以去过长城的同学大部分见到的是明长城，明长城全长8851.8千米，墙体的长度是6259.6千米。大家应该还记得见过的长城大部分是建造在群山峻岭之中，这是因为长城构筑的基本法则是"因地形，据险制塞"。就是指充分地利用地形和自然资源来选择合适的建筑材料，然后利用地理天险来御敌。这样的法则既有利于防守也可以节省建筑材料。

长城从来就不是一道孤零零的城墙，大家还记得见过的长城每隔一段都会有一个类似高台的设施吧。没错，这就是在长城上设置的烽火台，也叫作烽燧。我们熟知的烽火戏诸侯里放烽火传递重要消息的地方就是这种烽燧。其实长城是一个由大量建筑组成的严密防御体系，它的主要结构由关隘、城墙和楼台、烽燧组成，当然它还包括了很多纵深防御配置以及障碍物。

长城就这样一直矗立在那里，默默地保护了中原2000多年。时至今日，它的防御功能虽然已经没有了，但是它依然像一部历史书一样，见证着中华大地的不断变迁，在我们一代代人的心里烙上深深的印记！

52. 孔庙是古时候的学堂吗

大家应该都知道"孔庙"的"孔"指的是孔子,孔子是中国著名的思想家、教育家,那么现存各地众多的孔庙是古时候的学堂吗?其实,孔庙不仅仅是学堂,也是供后人祭祀孔子的庙宇式建筑。历史上有2000多所孔庙,按其性质可以分成三种,孔氏家庙、国庙、学庙。国庙和家庙都是用来纪念和祭祀孔子使用的。既然孔庙有祭祀的功用,那么是不是所有的孔庙都是用来祭祀孔子一个人的呢?其实不然,孔庙里供奉的除了孔子还有历代的圣贤大儒。他们在孔庙中供人们顶礼膜拜,用思想继续影响着后人。

汉武帝时期大力罢黜百家、独尊儒术,之后便修建了很多借以宣传儒家思想的庙宇,而孔子作为儒家思想的创始人,自然各地都以其名号作为庙名。故孔庙也会被称为夫子庙、先师庙、先圣庙,通常会被称为文庙。作为礼制庙宇的孔庙在很多地方都与政府举办的学校做了一个很好的结合,所以也会被叫作"庙学制"。既然有学堂也有庙宇,那么在布局上就有众多的变化形式,如前庙后学、左庙右学、右庙左学等。不论是哪种形式的布局,孔庙一般都会有万仞宫墙、泮池、礼门、义路、大成门、棂星门、大成殿、东西两庑、崇圣祠、明伦堂等几个部分,并且一般都是三进的院落,也有少部分只有两进,讲究中轴分明、左右对称。在现代,遗存的孔庙大约有509所,其中有100多所保存比较完整的被改成了博物馆,小部分被学校或者其他单位使用,也算是对学庙的一种延续!

53. 布达拉宫为什么被叫作"世界屋脊上的明珠"

布达拉宫海拔3700米，位于中国西藏拉萨市西北的玛布日山上，占地面积达36万平方米，建筑面积就达13万平方米，是当之无愧的"世界屋脊上的明珠"。

说到布达拉宫就不得不说松赞干布和文成公主，因为布达拉宫就是当初松赞干布为迎娶文成公主而兴建的，不过在赤松德赞统治时期布达拉宫遭到了雷火侵袭，烧毁了一部分，后来整个宫殿基本被毁，只有两个佛堂幸免于难。直到1645年，五世达赖喇嘛洛桑嘉措才开始重建布达拉宫。气势恢宏的布达拉宫意为"佛教圣地"，更从17世纪后成为西藏政教合一的中心，也是历代达赖喇嘛的冬宫居所。整个布达拉宫是一座宫堡式建筑群，具有浓烈的藏式风格，高200余米，主楼高117米，从外观上看有13层，实际只有9层。整个布达拉宫建在山腰上，和整座山融为一体。布达拉宫不仅外观气势雄伟，内容也很丰富。宫殿、佛堂、经堂、灵塔殿，还有一些庭院和僧舍全都在其中。整个布达拉宫可以说就是由东部的白宫和中部的红宫组成的。此白宫与美国的白宫有异曲同工之妙，布达拉宫的白宫是达赖喇嘛生活的地方，一共有七层，最顶层用作寝宫，第五层、第六层都是用来生活和办公的场所，东大殿是白宫最大的殿宇，它位于第四层，用来举办重大的活动。灵塔殿则是在红宫里，是用来供奉历代达赖喇嘛的灵堂。

在布达拉宫所有的宫殿、走廊等地方的墙壁上，都绘满了壁画和浮雕，多为高原风景、历史传说和一些古老的故事，具有非常高的历史和艺术价值。

54. 乔家大院建于什么时候

乔家大院被很多专家学者誉为"北方民居建筑史上一颗璀璨的明珠"。乔家大院是中国清代晋商代表乔致庸的宅第,它建于1755年(乾隆二十年)。乔家大院不仅仅从各处细节上体现了当时工匠高超的建筑艺术水平,更从另一个侧面反映了晋商的崛起和奋斗。

每一个老宅子都有其不为人知的故事,一块砖、一片瓦都书写着这个家族的兴衰成败,乔家大院更甚,因为它不仅仅见证着乔家的兴衰,更见证着晋商的兴衰,见证着当时国家的兴衰。"北京有故宫,西安有兵马俑,祁县有民宅千处。"祁县的民居集中了宋、元、明、清之法式,汇集了江南河北的精粹,而乔家大院正是祁县民居的佼佼者。

乔家大院位于山西省祁县乔家堡村正中,从高空俯瞰整个大宅子呈一个双"喜"字,这座大宅可谓是雄伟壮观,占地达8724.8平方米,建筑面积达到了3870平方米,前后有6个大院,里面还套着20个小院,共有313间房屋,宛若一座城堡。其三面临街,四周皆是三丈余高的砖墙,更是体现了中国清代民居建筑的独特风格。乔家大院最有名的还不仅仅是宏伟的房屋,更重要的是整个院子内砖雕、木刻随处可见,整体的装修风格更是变化无穷,每处细节都别有洞天,让人细细看来回味无穷。

双林寺彩塑

平遥城楼

55.平遥古城的"平遥三宝"是哪三宝

1653年美国的华尔街诞生了,直到今天,它依旧是整个美国乃至世界最具有影响力的金融市场和机构的代名词。而中国古代也有一个华尔街,它在清代晚期,集中了全国一半以上票号(银行的雏形)的总部,它就是平遥。这个曾是清代晚期中国金融中心的地方,是中国目前保存最完整的古代县城格局,它诞生的时间并不晚,公元424年也就是北魏始光元年,改名为平遥,从此这一古老的名字见证着中国1000多年的历史。

平遥古城位于山西省晋中市平遥县,虽然从春秋时它就以别的名字存在,但是直至清代晚期,它才真正被人们所熟知,这一"古代中国华尔街"正是广大晋商努力奋斗的结果,其中规模最大的是以"汇通天下"闻名于世的中国第一座票号"日升昌"的总部。"龟"形的平遥目前还是明清时期的原型,它有6个城门,可以将南北两个门看成是龟的头和尾,东西的4个门就像龟的4只脚一样,"龟城"称号由此而来。除此之外,平遥最出名的被称为平遥三宝的是古城墙、镇国寺、双林寺。平遥城墙始建于西周宣王时期,明洪武三年重筑,现在大家看到的城墙基本就是明洪武重筑后的城墙。距离平遥县城东北12千米有个郝洞村,著名的镇国寺就在那里,在明嘉靖十九年时它由京城寺改名镇国寺,其中的万佛殿是中国现存最古老的木结构建筑之一。平遥的第三宝城西南的双林寺,因为寺内保存了元代至明代的2000多尊彩塑造像,而被人们誉为"彩塑艺术的宝库"。

历经2700多年的平遥古城,保留了众多的文化遗存,这些文化遗存数量众多,密度也很高,最重要的是跨度的时间非常长,这些都让平遥成为历史长河中不可或缺的重要地方。

56. 苏州园林为什么那么有名

苏州园林被誉为"咫尺之内再造乾坤",是中国园林文化的骄傲,更被世界视为建筑业典范。以私家园林为代表的苏州园林,在春秋吴国建都姑苏时期就出现了,后来在五代时得到发展,一直到宋代才发展成熟,明清时期的苏州园林发展达到了顶峰。在清末苏州有170多处各色的园林,目前保存完整的有60多处,并且有19处园林已经对外开放。

苏州园林讲究将有限空间巧妙地组成变幻莫测的景致,在结构上讲究小巧玲珑,常常是小中见大、借景对景,更是将"步移景异"发挥得淋漓尽致,在有限的空间内完美地再现了外面世界的美好景色。苏州园林根据性质不同可以分成三种:私家园林、佛教园林和王家园林。私家园林的代表作苏州四大名园素有"江南园林甲天下,苏州园林甲江南"的美誉,这四大名园就是沧浪亭、狮子林、拙政园和留园。其中的拙政园更是"中国园林之母"的成员,此外中国园林之母还包括颐和园、承德避暑山庄和留园。拙政园最出彩的部分就是以水池为中心,所有的亭台楼榭全部依水而建,具有江南水乡的特色。佛教园林有寒山寺、双塔(文宣塔)、报恩寺等。王家园林则有虎丘、灵岩山。

美丽的苏州园林无论是技术手段还是艺术造诣都堪称是世界级的园林。

57. 广东的"围龙屋"是什么样的

广东的"围龙屋"是客家最著名也是最有特色的民居,它是将中原古朴的风格和南部山区特有的文化特色做了糅合的一种建筑风格,也是中国五大民居特色建筑之一。世界上对它的赞誉很多:东方璀璨的明珠、民居建筑奇葩、读不完的百科全书等说的都是"围龙屋"。整个围龙屋看上去就是一个大圆形,也有人说围龙屋就是一个太极图,它的前半部为半月形池塘,后半部为半月形的房屋。两个半部是由一块儿长方形的空地连接的,这块儿空地被叫作"禾塘",是居民活动和晾晒的地方。最小的围龙屋建筑面积都在上千平方米,大的则有上万平方米,能住几百人。

为什么会有容纳这么多人住在一起的屋子?其实是因为两晋到唐宋时期,战火纷飞,饿殍满野,客家人为了躲避战争,不得不背井离乡寻找没有硝烟的地方。平坦区域已经早早被人居住,客家人就只好来到山区、丘陵地带。而山中时常会有野兽,为了防御外敌也为了能够免受野兽侵扰,很多人就聚集居住在一起,这就是围龙屋形成的源起。

虽然现在住在围龙屋里的客家人越来越少,但是围龙屋作为客家的特色民居,已经被当地政府重点保护起来,并且作为旅游资源,吸引着世界各地的游客。

58. 草原上的蒙古包是什么样的

蒙古包一词起源于清代,"包"在满语中是家、屋的意思,由此可见,蒙古包就是蒙古族牧民居住的一种房子,但是这种民居的形式又不仅仅限于蒙古族,在中亚地区游牧民族中也是很常见的。从这里就可以看出蒙古包其实是一种非常适于牧业生产和游牧生活的房子。

从外面看有些蒙古包或许不大,但里面确实宽敞舒适,一应俱全,正所谓"麻雀虽小,五脏俱全"。整个蒙古包的支撑是用木架做的,又称作"哈那",然后将羊毛毡围裹住这些哈那,至少要裹两到三层,之后再用绳子捆绑即成。通常蒙古包的门是开向东南面的,这样既可以避开西伯利亚的强冷空气,又沿袭了对日出方向为吉祥的传统。那么蒙古包如何保暖呢?其实在帐内中央的地方有一个两尺高的火炉,火炉上方的帐篷开一个天窗透气,这样就可以通过火炉保证蒙古包的温度了。蒙古包内虽然不像我们现在可以铺地板,但是通常人们会在地上铺上地毡。一个蒙古包一般是一对夫妻及其子女居住,新婚的夫妇要新建蒙古包。在内蒙古的锡林郭勒盟正蓝旗有一个世界上最大的蒙古包,这个蒙古包不同于别的,它是木质结构而且无柱的建筑,是由很多民间艺人一起制作的,直径有 21 米,面积有 346 平方米,可以容纳 1000 个人在里面。

现在蒙古包成为了民族的象征,很多游牧民族定点放牧或者饲养牲畜,已经不必在逐水草而居了,他们目前几乎完全定居在砖瓦房或者楼房里,所以蒙古包已经成为一个旅游的项目,但无论时代如何变迁,蒙古包所包含的民族精神,永远都不会变!

59. 江南水乡的特色"吊脚楼"是什么样的

吊脚楼一般是依山就势而建，是苗族、壮族、布依族、水族、土家族、侗族等少数民族的传统民居，是一种半干栏式木质建筑，多坐西向东或者坐东向西。吊脚楼一般有上下两层，上层比较通风、干燥，可以用作居室，下层则是用来堆放杂物或者圈养牲畜。关于吊脚楼的形成有这样一个传说，土家族的祖先因为家乡有了水灾就举家迁往鄂西来避难，当时鄂西地区树木参天，野兽出没。人们想了很多办法来抵御野兽和毒虫的袭击，但效果甚微，后来土家族的一位老人想到了一个办法，他让小伙子们利用大树做架子，绑上木板搭成棚子，吃饭睡觉都在上面，自此再也没有受到野兽的威胁，这种空中的住房就是现今吊脚楼的雏形。

现今的吊脚楼形式可谓是多种多样，主要有单吊式、双吊式、四合水式、二屋吊式、平地起吊式。单吊式是目前最为普遍的一种形式，只有正屋一边的厢房伸出来悬空，下面用木柱支撑。还有一种常见的就是由单吊式发展而来的"双吊式"，即正屋的两头都有吊出的厢房。其余三种方式的吊脚楼都是在单吊式和双吊式的基础上发展而来的，四合水式就是将正屋两头厢房吊脚楼部分的上部连成一个四合院；二屋吊式一般是在吊脚楼上再加一层，平地起吊式则是在平地上将厢房用木柱支撑抬起，使厢房高于正屋的一种吊脚楼形式。

如今，在被钢筋混凝土包围的都市里，我们已经很难通过建筑来判断当地的文化了，但是吊脚楼这种古老的建筑至今还在西南地区少数民族中广泛使用。试想一下，坐在吊脚楼上，静听河水流过的声音，感受自然的灵气，该是一番多么美妙的体验啊！

湖南凤凰城吊脚楼

60. 云南的"一颗印"是什么样的

云南昆明地区大多是由正房、耳房和入口门墙组成的一个正方形如印章外观的民居,这种民居就叫"一颗印"。大家知道云南地处高原地区,四季温暖如春,但多风,所以这里民居的墙都比较厚重。一颗印最常见的形式是由三间正房、四间耳房构成,由于山区地方比较小并且很潮湿,所以正房通常是楼房,四间耳房东西各两间。一颗印在高墙上有小窗,这是为了阻挡风沙和防火,整个住宅外观看起来很方正,正是应了"一颗印"的景。

一颗印的大门须开在正房对面的中轴线上,门廊也叫"倒座",一共有八尺,所以也被叫作"倒八尺"。天井狭小,正房和耳房面向天井的一面腰檐都延伸出来,正房延伸出来的腰檐叫"大厦",耳房和门廊被叫作"小厦",别小看了这一设计,大小厦连通,方便雨天穿行,还可以挡住太阳的强光直射,非常适于低纬度高海拔的高原型气候。除此之外,一颗印的正房比较高,采用两面都是坡的屋顶,而耳房和门廊都采用向内一面长坡、向外一面短坡的屋顶,这样不仅可以提升外墙的高度,还非常有利于防风、防火、防盗,从外面看整个房屋宛若森严的城堡。还有一个有趣的现象,整个一颗印都是穿斗式构架,也就是正房、耳房、门廊的屋檐还有大小厦都是相互错开,互不接连的,这样可以避免漏雨的发生。

一颗印无论在山区、平原还是城镇里都是很容易修建的,随着城市的扩建,云南这一古老的民居已经越来越少,让我们从自己做起,保护我们古老的文化。

61. 陕北的"窑洞"是什么样的

窑洞是一种很古老的居住方式，可以追溯到4000多年前了，它分布在中国的黄土高原上，这里地质非常特别，黄土层非常的厚，有的甚至厚达几十千米，所以这里的人们就利用这样的地形，凿洞而居，创造了这种绿色环保的民居方式。整个窑洞顶上盖的都是土，往里走像走进了一个喇叭里，下面是方形的，顶部是拱形的，里面会比外边稍微窄点。一般单间的窑洞有3.5米宽，3～4米高，5～9米深。窑洞前面还有门和格子窗，里面的墙上则是熟石灰、抹泥等。在甘肃省宁县瓦斜乡仰韶文化的发源地，有一个千年的大窑洞，面积有200平方米，可以同时容纳上百人。

虽然窑洞是依势凿洞，但是黄土高原上的窑洞按照山势一层一层地排列，下面一层窑洞的顶就是上面一层窑洞的院子，远远看去，甚为壮观。别看窑洞需要依势而建，但它们也有自己的排列方式，比如一个院子里有三孔或者五孔的窑洞，这些窑洞并列有围成四合院的，也有上下都排列整齐的，不论哪种排列方式，整体来看窑洞的排列都有一种别具一格的风味。

如果你觉得这种凿洞而建的民居是非常简单的那就错了，窑洞也可以按照不同的特性分成不同的种类。按建筑材料窑洞可以分为土窑、砖窑、接口土窑。按修建的方式又可以分为崖窑、地窑、箍窑。但无论是哪种分类，它们都有一个共同的特点：冬暖夏凉不易燃。但这种凿洞而建的方式也有其缺点，那就是容易潮湿，透气性不好，并且不抗震。无论如何，窑洞作为黄土高原上的民居伴随着人们度过了千年的岁月，已经成为一道深深的烙印刻在人们心中！

62. 世界上最大的地下帝王陵墓在哪里

旅游的同学一定到过西安的秦始皇陵,也一定被秦始皇陵的规模以及其中的兵马俑所震撼。爱阅读的同学一定也读到过有关秦始皇陵的故事。同学们可知道世界第八大奇迹说的就是秦始皇陵里的兵马俑,它也是目前发现的世界上规模最大的帝王陵墓,其中的内涵之丰富更是无可匹敌,下面就让我们一起走进秦始皇陵,来领略这1000多年前中国第一帝陵墓的风采。

秦始皇陵是从秦始皇即位就开始修建的,直到秦始皇去世,共用了37年,但陵墓还没有完工,故由其儿子继续修建,一共历时39年。整个秦始皇陵工程之浩大、内部结构之完善、陈列之多皆令人叹为观止。秦始皇陵建在中国陕西省临潼区城东的骊山北麓,曾经也是秦国的都城。整个陵园占地56.25平方千米,因为是地下陵墓,其封土层原有115米,但是经过千年的环境变化,现在仅有76米高,整个陵园呈"回"字形,陵园里有两重城垣,内外城郭是8~10米的城墙。内城里修建的就是陵墓的主要建筑——地下宫殿,考古学家在地下宫殿里不仅发现了大量的青铜器物以及陶器,更是发现了震惊世界的兵马俑。这些兵马俑如真人般静静地守护着秦始皇陵,其不同的兵种、姿态,更是将始皇大军的英勇形象表现得淋漓尽致。更让人称奇的是在这座地下宫殿里居然有用水银制成的江海,让整个地下宫殿都充满了神奇色彩。

整个秦始皇陵目前并没有挖掘完毕,因为人们以现代的考古技术还不能完全地将挖掘出来的文物进行很好的保存,所以秦始皇陵的神秘面纱还没有完全被掀开,它还在静静地等着人们去发现它的与众不同。

63. 明朝皇家陵寝究竟有多少

有200多年历史的明朝是中国历史上最后一个由汉族建立的王朝,从明太祖朱元璋到明崇祯帝,明朝统治的这276年里,一共经历了16位皇帝,那么明朝皇家陵寝是不是就有16座呢?其实不然,明朝皇家陵寝只有13座,俗称明十三陵。那还有三位皇帝的陵寝去了哪里呢?同学们是不是很想知道答案呢,就让我们一起走进明朝的皇家历史。

我们知道明朝的开国皇帝朱元璋是有名的乞丐皇帝,幼年时很贫穷,曾给地主放过牛,但他是一位非常有远见的皇帝,"洪武之治"就是明太祖英明神武最好的说明,因明朝开国初始建都南京,所以朱元璋死后葬于南京钟山之阳,称作"明孝陵"。明朝第二个皇帝朱允炆因为其叔叔发动的"靖难之变"后下落不明,故没有陵墓。再有就是明朝第七位皇帝朱祁钰在他的哥哥英宗被敌国俘虏而国家没有皇帝的情况下,被太后和大臣推举为皇帝,后来因为英宗被放回,搞了一场政变重新称帝,朱祁钰被害死,最终以"王"的身份葬于北京西郊玉泉山。因此明朝其余13位皇帝都葬于北京市昌平区天寿山麓,故明十三陵由此产生,除了这13位皇帝外,此处还有7座妃子墓,1座太监墓。一共埋葬了除13位皇帝以外的23位皇后、2位太子、30余名妃嫔以及2位太监。

明十三陵是世界现存规模最大的皇家陵寝,并且这里也是世界上帝后陵寝最多的一处。

64. 都江堰是中国古代建造的吗

都江堰是中国古代建造并且到现在还一直使用的水利工程。战国时也就是公元前250年，成都平原水旱灾害很严重，为了解决这个问题，秦国的蜀郡太守也就是当时的县长李冰和他的儿子开始修建了都江堰这一水利工程，并且这个工程到目前一直都在造福成都平原。

都江堰位于四川省成都市都江堰市城西的岷江上，整个工程分为堰首和灌溉水网两个大的系统，用来灌溉、防洪、水运以及城市供水，它将岷江水一分为二引流到玉垒山的东边，这样既解决了成都平原南边水患的困扰，又帮助成都平原北边解决了干旱的难题。其中堰首有三个大的主体工程：分水工程"鱼嘴"（形如鱼嘴位处江心，把岷江分为内外两江，外江在西可用于防洪，内江在东可用于灌溉）、溢洪排沙工程"飞沙堰"、引水工程"宝瓶口"，宝瓶口与飞沙堰配合是控制内江进水量的关键，能够有效地调节水流大小。虽然历朝历代都在不断修葺着它，主体工程也在不断地移动中，但这种相互依赖、功能互补的无坝引水工程却浇灌出了闻名天下的"天府之国"，这让我们不得不赞叹古人的智慧与创造力。

除此之外，都江堰周围美丽的景色也让人叹为观止。

李冰父子塑像

那不知如何建造的金字塔,带领我们走向一个无法解开的神秘画卷中。古罗马的斗兽场是不是真如影视作品里那样的血腥、残忍?巴黎圣母院里真的有丑陋的敲钟人吗?卢浮宫里究竟存放着什么珍稀作品?比萨斜塔为什么如此倾斜却一直没有倒呢?世界第八大奇景究竟是什么呢?它们又是何时降落在人间的呢?尼日尔河谷的宝石又是怎么回事?相信有太多太多关于这些建筑的传奇和历史是同学们所不知道的,现在我们就从中国的建筑跳转到外国的建筑,一起来领略这世间不一样的风采,感受一下异域风情的独特吧。

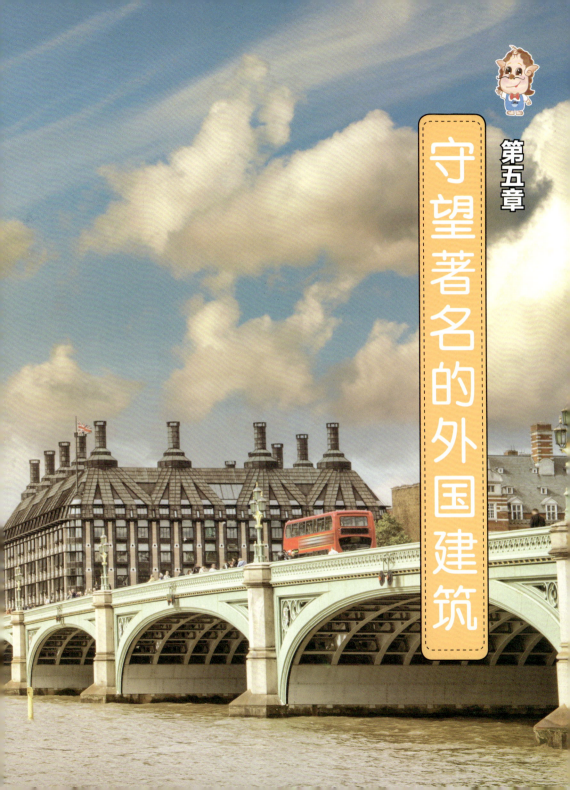

第五章 守望著名的外国建筑

65. 日式建筑风格为什么跟中国建筑风格那么相似

盛唐时期,是中国经济、文化等各方面都得到飞速发展的时期,当时有一位高僧鉴真大师,他东渡日本传戒,弘扬佛法,成为了日本佛教律宗的开山祖师,也把当时中原的文字、服饰、饮食等带到了日本,极大地影响了日本文化。其实追本溯源,中国文化、器物等传到日本已经有很久的历史了,从中国秦汉时代开始,就已经有一些建筑风格流传到了日本,如村落的出现以及干栏式粮仓的出现,都有中国建筑风格烙印在其中,仁德天皇陵和法隆寺就是那个年代最好的代表。所以日式建筑风格跟中国建筑风格那么相似。

人们常说从一个地方的建筑风格可以看出这个地方的风土人情,那么从日式建筑风格可以看出一种谦逊的生活方式。无论是日本的榻榻米还是日本传统的茶桌,都可以看出传统的日式建筑风格体现出日本人民的礼貌,以及从骨子里透出的谦逊。尤其是榻榻米,这种源于中国汉朝,发展于隋唐时期的中国式家具,从盛唐时期传入日本后,就一直被使用至今。然而,这种一年四季铺在地上供人坐或者卧的家具早在唐朝后期就在中国衰落了。

66. 亚历山大灯塔是什么样的

说 到埃及大家第一时间想到的肯定是金字塔，但殊不知2000多年前在埃及名气远大于金字塔的是亚历山大灯塔。这座建于公元前270年，高135米的灯塔屹立了1000多年之后才因为地震而被毁。更传奇的是这座从公元前281年建成就一直点燃的灯塔，直到公元641年埃及被阿拉伯伊斯兰大军征服后火焰才熄灭，这座燃烧了近千年的灯塔可以说是人类历史上火焰灯塔里独一无二的，几千年来一直为海上的船只指明方向。

这时候就会有同学问：为什么要让这座灯塔燃千年之久呢？这里有一个美丽的传说。很久很久以前，有一艘气派喜庆的埃及皇家喜船，他们是去迎娶美丽的欧洲新娘。当这艘皇家喜船驶进亚历山大港时，不幸触礁沉没了，船上的人无一幸免。这一悲剧震惊了埃及整个朝野，埃及国王托勒密二世下定决心，要在这个最大港口处建造一座导航用的灯塔。经过了40年的努力，这座屹立在法洛斯岛东距离海岸线7米的石礁上的灯塔终于完工了，它就是"亚历山大法洛斯灯塔"。这座灯塔的顶上有一面巨大的镜子，还有千年不灭的火焰，成为一个具有代表意义的地标。

虽然经过不断变化，这座千年灯塔已经不再是原有的模样，人们在这2000多年里不断地重复利用着它，但是它带给人们的震撼以及精神上的力量却始终没有消失，就如它千年不灭为来去的船只指引道路一样。

67. 电影里经常出现的罗马斗兽场是什么样的

罗马斗兽场也叫罗马竞技场、罗马大角斗场，它原本的意义是"巨像"，因为在罗马皇帝尼禄时期，这里是一座他本人的巨像。说到罗马斗兽场，人们脑海里浮现出来的画面一定是一个人和一个野兽或者另一个人在厮杀、搏斗的场面，没错，意大利古罗马竞技场就是专供奴隶主、贵族和自由人观看斗兽或者奴隶角斗的地方。

公元 72 年到公元 82 年建造的罗马斗兽场是为了庆祝征服耶路撒冷的胜利而建的，是古罗马时期最大的椭圆形角斗场，长轴 187 米，短轴 155 米，周长 527 米，占地有 2 万平方米。整个斗兽场的围墙共分成四层，前三层都有类似柱子的装饰品，依次是多立克柱式、爱奥尼柱式、科林斯柱式，这是古代雅典看到的三种柱式装饰，用柱式作装饰看起来宏伟雄壮，并且在当时来看造型非常独特，这也造就了闻名于世的罗马斗兽场。整个斗兽场可以容纳 9 万名观众，观众席分为五区，第一区坐的是贵宾，如元老、祭司等，第二区是贵族区，第三区是富人区，第四区是普通公民区，最后一区的站席供底层妇女使用。整个斗兽场看台由三层混凝土制的筒形拱组成，每层有 80 个拱，形成了不同高度的三圈环形走廊，观众入场时按照自己座位的编号找到从哪个底层拱门入场，然后沿楼梯找到自己所在区域的位子。整个斗兽场因入场设计周到故没有出现过拥堵混乱的现象，这种入场的设计一直沿用到今天大型的体育场内。

有资料说角斗运动不全都是人们互相厮杀，事实上角斗运动很多时候都是一种实战加戏剧的表演，但正是这种角斗运动提升了罗马人自身的优越感。

68. 我们熟知的泰姬陵是宫殿还是陵寝呢

位于印度距新德里200多千米外的泰姬陵，被誉为"印度的珍珠""完美建筑"，它是座由宏伟的殿堂、美丽的水池等构成的镶嵌了玻璃、玛瑙的纯白色大理石伊斯兰教建筑。泰戈尔说过，泰姬陵是永恒面颊上的一滴眼泪。这样一个美丽的比喻，它的背后必然有一个美丽而让人神往的故事。

1612年一位名叫亚珠曼德的美丽女子嫁给了库拉穆王子沙贾汗，结婚19年里，她为沙贾汗生育了14个孩子，最终在第14次分娩中，不幸感染并离开了人世，临终前她向沙贾汗提出了4个遗愿，其中一项就是为她建造一座美丽的陵寝。于是1632年沙贾汗开始兴建他所爱之人的陵墓。1657年他的儿子篡位，把他囚禁于阿格拉城，沙贾汗就在这座监狱般的城堡里望着妻子陵墓的倒影抑郁而终，7年后葬于爱妻身旁。这就是泰姬陵的美丽传说，泰姬并非亚珠曼德的名字，而是皇冠的意思。泰姬陵这座美丽的陵寝就像皇冠一样佩戴在已逝的亚珠曼德身上，它更像是美丽爱情的象征。

69. 吴哥窟是石窟还是宫殿呢

吴哥窟是吴哥古迹中保存最为完好的庙宇，它是由12世纪吴哥王朝国王举全国之力建造的一座规模宏大的石窟庙山，用来供奉化身为印度教之神的国王。就此可以看出吴哥窟不是什么宫殿，而是石窟庙山，它在12世纪前半叶建成，用其无比的雄伟和精致的浮雕闻名于世，成为世界上最大的庙宇。吴哥窟的庙山是由三层长方形的有回廊的平台组成，形状像金字塔，更象征了印度神话中世界中心位置的须弥山。庙山的顶上有五座宝塔，它们按照五点梅花式进行排列，像极了须弥山的五座山峰。庙山周围有一道护城河，象征了环绕须弥山的咸海。除此之外，吴哥窟更是一座巨大的水上都市。它所在的地方是鱼米之乡，平时洞里萨湖湖水有3米深，汛期来临时，湄公河泛滥，河水倒灌洞里萨湖，这里的水就会有14米深，但在涨水之际便是浮稻迅速生长之时，每天都能长20多厘米，洞里萨湖的冲积平原更是土地肥沃，靠着洞里萨湖丰富的水产和冲积平原上生产的粮食，吴哥王朝的经济得到了很大的发展。

但是1431年，暹罗攻破真腊国都吴哥，第二年吴哥窟又遭到了建造它的高棉人的遗弃，至此繁华的吴哥窟走向下坡路，被森林逐渐覆盖，整个吴哥窟似乎被世人遗忘。但令人难以理解的是，繁荣了600年的吴哥王朝虽然灭亡，但是它的文化和人民却也如蒸发般不知踪影，亦没有留下任何痕迹，成为现世无法解开的谜团。

70. 著名的圣索菲亚大教堂是什么样的

有着1500年悠久历史的圣索菲亚大教堂，因为其巨大的圆顶而成为一幢"改变了建筑史"的典范，更是拜占庭式建筑的代表。圣索菲亚大教堂位于土耳其的伊斯坦布尔，在它建造的地方原本曾经有过两座教堂，但都被暴乱所摧毁。后来在公元532年，拜占庭皇帝查士丁尼一世才下令建造了这所教堂，直到公元537年，圣索菲亚大教堂才建造完成。它也是一座历经了种种磨难的大教堂，记载的有4次大地震、1次大火，以及无数次的人为破坏，圣索菲亚大教堂就像它所代表的天神一样，依然屹立于世。

圣索菲亚大教堂在希腊语里的意思是上帝智慧，如今是属于基督徒和穆罕穆德信徒共用的一个宗教博物馆，也叫阿索菲亚博物馆。其主体呈长方形，整个占地面积有8000平方米，有一个600多平方米的大前厅，整个中央大厅面积则达5000多平方米。教堂巨大的圆顶直径为33米，离地面高55米，这在当时是非常罕见的，所以它的圆顶就成了它的象征，也让它因此闻名于世。最重要的是教堂的整个圆顶没有柱子支撑，建造者们利用拱门、扶壁、小圆顶等设计来支撑整个穹隆的重量，以此在窗间壁上安置又高又圆的圆顶，这一设计不得不说是一种创新，创造了以帆拱上额穹顶为中心的复杂的拱券结构的平衡体系，更有人称其为"世界第七大奇迹"！

71. 埃及的金字塔是不是由外星人建的

相传金字塔是古埃及法老也就是国王的陵墓，但是考古学家却没有在金字塔里找到过法老的木乃伊。而金字塔的形状也很奇特。它的底部是正方形，四面是四个相等的三角形，三角形于顶部汇聚成一个尖，整个呈方锥形。因为金字塔的侧影很像一个"金"字，所以它被我们译为"金字塔"。

胡夫金字塔

说到金字塔就不得不说世界上最大、最高的胡夫王金字塔，它始建于公元前2580年，用时约20年，在公元前2560年竣工，整个底边长230.37米，现在高138.74米，据说原来高146.59米。最令人惊叹的是，整个塔身是使用石块堆砌而成的，石块之间没有任何的黏着物，全部都是将石块打磨光滑，然后一块叠放在一块上，即使是这样，现在人们也很难将一把锋利的刀刃插进石块的间隙中，由此可见当时的建筑技巧多么的高超。

金字塔留给我们太多太多的谜团，比方说这么高的金字塔，这么重的石块是如何堆砌的呢？人们有过很多种推想，如使用巨大的杠杆用绳子将石块吊上去逐步堆砌；还有人猜想使用土堆成一个斜坡，用木头作传输带，然后将石块拉上去；另外一种就是说外星人制造的。不论是哪种说法现在都未得到证实。

72.英国著名的白金汉宫是什么样的

位于英国伦敦威斯敏斯特的白金汉宫是英国君主办公以及生活的地方,更是国家庆典或者危难之时,不列颠人民的一个重要集会场所,现在则是伦敦一个重要的旅游景点。

白金汉宫就像我们在电视里看到的很多宫殿一样,它是一座四层的灰色建筑,整体是灰色的并且是正方体,王室徽章在正门上方熠熠闪耀,铁栏杆象征着皇宫的不可逾越。白金汉宫的前坪还有一个广场,这里除了很多雕像外,还有维多利亚女王的纪念堂。在高高的大理石台上有座胜利女神的金像,这座美丽的金像像是从天而降的金色天使,充满着皇室的希望,他们希望能够创造维多利亚时代的辉煌。整个宫殿里有600多间厅室,有典礼厅、音乐厅、宴会厅,还有女王画廊。在女王画廊里珍藏着数件艺术珍品,还有十几幅达·芬奇的作品,现在这个画廊已对外开放供人参观,如有机会,大家不妨去看看。

说到皇宫就不得不说一下在这里发生的不爱江山爱美人的故事,曾经有一位英国的君主,他爱上了一位离过2次婚的美国女人,但屡遭朝野的反对,整个朝野都拒绝这个离了2次婚的女人成为王后,所以这位国王不得以为了心爱的女人放弃了王位,这就是爱德华八世和辛普森夫人之间可歌可泣的爱情故事。时至今日,这段动人的爱情故事依然广为流传,虽然这个皇宫里发生的很多故事已经成为了过眼云烟,但是我们还依然记得曾经有位国王为了爱情放弃了所有的一切。

73. "伦敦正门"是指英国的哪座桥

伦敦塔桥在英国伦敦的伦敦塔附近，是一座横跨泰晤士河的铁桥，它是伦敦泰晤士河口的第一座桥，是伦敦的象征，有"伦敦正门"之称。伦敦塔桥跟伦敦桥是两座桥，但往往会被人弄混，伦敦桥是一座有着2000多年历史的、几经波折的桥，而这座伦敦塔桥则建于1886年，历时8年，有432名建筑工人参与建设。

当时，随着伦敦经济的发展，在东部急需有一座横跨泰晤士河的大桥，但为了保证航运的正常进行，这座桥就不能是传统的矮桥，虽然始建于1870年泰晤士河地下的伦敦地铁可以很好地缓解旅客渡河的问题，但是它依然没有办法取代一座桥的功能。于是人们几经研究和讨论，从50个不同的方案中找到了一个合适的方案。这座244米长的伦敦塔桥有两个桥塔，每个桥塔都有65米高，桥的中间有61米长，桥塔两边靠向岸的两扇桥可以竖起83°，用来使大船顺畅通过。这两扇桥都有上千吨重，全靠液压装置来升降，它们可以在1分钟内就升起来。

伦敦塔桥的两个桥塔中间有一条人行路，由于那里总聚集很多的小偷，所以在1910年被关闭了，但是今天它已经被重新开放供人游玩，在桥塔内还有博物馆，为大家展示桥的历史。

74. 法国著名的埃菲尔铁塔是什么样的

立在法国巴黎战神广场上巴黎最高的建筑物埃菲尔铁塔，因其独特的建造方式和设计成为了法国文化的象征，更是世界建筑史上的杰出作品。这座塔高300米，天线高24米，总高度达到324米的建筑也成了法国标新立异的标志和巴黎的地标。

埃菲尔铁塔始建于1887年，除了四个塔墩是用水泥浇灌以外，塔身全部都是钢铁材料镂空结构，一共用掉了7000多吨的钢铁，整体共有12000个金属部件，全部用铆钉连接在一起，据统计整个埃菲尔铁塔共用了259万个铆钉，造型极其壮观华丽，更是世界上钢铁结构的第一高塔。埃菲尔铁塔一共分成三层，一层、二层设为餐厅，分别离地面57.6米和115.7米，三层是一个观景台，距地面276.1米。大家试想一下，站在270多米的高空向下俯瞰，那是多么需要勇气的一件事啊！

说到埃菲尔铁塔的建造初期，还发生过一个有趣的故事。1885年法国在为1889年要举行的世界博览会做准备，当时他们想建造一个标志性的建筑来代表法国的荣誉，因为华盛顿纪念碑才竣工，所以法国人就想建一个高于它的建筑。于是政府就举行了一个设计大赛，但有趣的是参赛的作品没有一个入选，原来是一个叫埃菲尔的设计师在大赛前几周已经将自己的作品给了一位大臣，而这位大臣非常青睐他的作品，就暗中操纵他成为冠军。尽管如此，埃菲尔的设计没有让人们失望，不论是外观还是功能，都让世人折服，尤其他创新的设计，更是引领了新的潮流。

75. 法国凯旋门是迎接军队胜利回归的门吗

"凯旋门"顾名思义就是用来迎接凯旋战士的门，法国的凯旋门也叫雄狮凯旋门，位于巴黎的戴高乐广场中央，在著名的香榭丽舍大街的西端。其实欧洲有100多座凯旋门，但是巴黎凯旋门是其中最大的一座，它也是法国的著名代表建筑之一。1860年拿破仑打败了俄、奥联军，为了纪念这一惨烈但是具有历史意义的战争，政府决定建造巴黎凯旋门。

戴高乐广场原本叫星形广场，它是由以凯旋门为中心，向四周辐射的12条大街组成的，每条大街都有40～80米宽，呈星射状，无处不显示着它的奢华，如同众心捧月般将凯旋门高高捧起，所以凯旋门也被叫作"星门"。这是一个星光四溢的广场，1970年戴高乐将军逝世，后改名为戴高乐广场。

巴黎凯旋门之所以是欧洲最大的一座，是因为它高49.54米、宽44.82米、厚22.21米，中心拱门高36.6米，宽14.6米，雄伟庄严的造型，冷静威严的形象，简单的设计，粗犷的棱角，没有过多细腻的装饰，没有太多细节的讲究，这就是帝国风格最显著的特点，而这种风格也是伴随着拿破仑的兴衰而经历着历史的洗礼。或许凯旋门现在已经失去了原有建造时的意义，但是它见证的历史和承载的记忆是不会失去的，人们永远会记住曾经的那位领袖，那段永不褪色的传奇。

76. 法国著名的凡尔赛宫是皇室的宫殿吗

凡尔赛宫是世界五大宫殿之一，跟北京故宫、英国白金汉宫、美国白宫、俄罗斯克里姆林宫齐名，其他的四座宫殿都是各国的政治中心并且是集权者居住办公的场所，那么凡尔赛宫是否也是当时皇室的宫殿呢？其实凡尔赛宫只有在1682年到1789年之间是法国的王宫。

凡尔赛宫是一座非常奢华、宏伟的宫殿，它坐落在巴黎西南边的凡尔赛镇，最早只是法国国王路易十三建造的狩猎行宫，后来路易十四时期也就是1660年，国王发现财政大臣的府邸比他的行宫还要漂亮，所以一气之下将大臣治了罪，然后令设计师设计修建他的新行宫，也就是凡尔赛宫。1661年凡尔赛宫正式动工，历时28年于1689年竣工。整个凡尔赛宫占地111万平方米，建筑面积有11万平方米，园林面积高达100万平方米。宫殿部分的建筑布局相当严密，正宫是东西走向的，两端和南宫、北宫连接在一起，形成一个对称的几何图案。所有的宫殿顶并没有采用传统的尖顶或者圆顶，而是采用了平顶的设计，使得整个宫殿看上去很是端正、雄浑。凡尔赛宫除了外形上的气势逼人外，内部也是非常豪华的，大大小小500多间房屋，到处金碧辉煌，并且陈列着世界各地的珍贵艺术品。凡尔赛宫里有一个著名的景点，就是长72米、宽10米、高13米连接两个大厅的镜廊，它的一面是有着17扇朝花园打开的巨大拱形窗户，另一面则是对称镶嵌着17面大镜子，这些镜子是由400多块镜片组成的，连着镜廊拱形天花板上的巨幅油画，将整个长廊装饰得非凡无比。但是这么宏伟的建筑里面居然没有一处厕所或者盥洗设备，不得不让人称奇。

77.巴黎圣母院里真的有敲钟怪人吗

说到巴黎圣母院很多同学第一时间想到的是不是敲钟怪人呢？相信很多同学都读过法国大文豪雨果先生的小说《巴黎圣母院》，一定对巴黎圣母院里的钟楼怪人印象深刻，那么巴黎圣母院是否真的如小说里写的那样有这么一位人物存在呢？我们知道艺术创作来源于生活但是高于生活，所以巴黎圣母院里虽然没有这位敲钟怪人，但是它依然有着独特的意义。

在法国巴黎的市中心西提岛上有一座哥特式教堂，它是天主教在巴黎宗教区的主教座堂，在法兰西岛地区的教堂群里具有非常重要的地位，这座教堂就是巴黎圣母院。始建于1163年的巴黎圣母院，在经历了180多年的建造后，终于在1345年全部建成。这座哥特式教堂，所有的建筑材料都是石材，巨大的教堂门口四周布满了一层层的雕像，越往里越小。在巴黎圣母院正面的低层有3个桃形的门洞，门上的雕刻大多是中世纪的作品，其中蕴含了不少宗教故事。整个巴黎圣母院的内部是非常朴素的，没有什么装饰，但是巴黎圣母院里却有世界上最美丽、最大的玫瑰玻璃拼花窗，相传在第二次世界大战时期，巴黎很多市民自发地将这些玻璃拆下来拿到自己家的地下室藏好，就是为了免受战争的破坏，直到战争真正胜利，人们才从家里把这些珍藏的玻璃重新汇集起来，结果发现这些玻璃一块都没有少！

78. 卢浮宫为什么是巴黎的心脏

卢浮宫之所以被称为巴黎的心脏，是因为它是世界上最著名、最大的艺术宝库之一，也是法国历史上最悠久的王宫。始建于1190年的卢浮宫最初是用来作为监狱和防御性的城堡，还可以用来存放王室的财宝和武器，并不是法国国王的居所。直到15～18世纪经历了9位君主300多年的不断改建和扩建，才形成了这样一座呈U字形的宏伟宫殿建筑群。现在的卢浮宫已经成为世界闻名的博物馆，占地面积有24万平方米，建筑面积有4.8万平方米，东西两侧都有690米，自东向西横卧在塞纳河的右岸，整座建筑异常的雄伟壮丽。

卢浮宫的展览区有三个部分，分别是黎塞留庭院、苏利庭院、德农庭院，它们都珍藏着不同地区的艺术作品。在黎塞留庭院里你会看到远东地区和近东地区、伊斯兰的文物和雕塑，以及14～17世纪法国和其他国家的一些主要油画作品。古埃及、古希腊以及古罗马等地的文物还有雕塑都是在苏利庭院展示的。而古希腊、古罗马的雕塑还有17～19世纪法国的油画则是在德农庭院来展示的。在卢浮宫里有三件镇馆之宝：断臂维纳斯、胜利女神尼卡和蒙娜丽莎。除此之外还有大量的古董和远古衣物，陈列面积达到了5.5万平方米。而卢浮宫正门入口的透明金字塔建筑正是美籍华裔建筑大师贝聿铭先生的大作。

79. 比萨斜塔如此倾斜为什么没有倒呢

同学们应该都知道伽利略的自由落体定律，这个实验就是在比萨斜塔上做的。比萨斜塔始建于1173年，位于意大利托斯卡纳省比萨城的奇迹广场上，它是一座钟楼，跟比萨大教堂相呼应。整个比萨斜塔地面部分高55米，加上地基有58.36米，塔身在地面上的宽度是5.09米，到塔顶则只有2.48米，整座塔重14453吨，重心应该是在距地基上方22.6米的地方，就是这座又高又重的塔目前已经倾斜了5.5°，偏离地基外沿达2.3米，在顶层更是已经偏离了4.5米，但是它不但没有倒塌，而且以其独特的造型风靡全球。

为什么这么倾斜的塔没有倒呢？比萨斜塔之所以倾斜是设计者故意为之还是意外呢？这是科学家一直在探索的问题。其实比萨斜塔在设计初期是垂直的建筑，但是在建造时就出现了偏离现象，1178年当建造到第四层时，整座塔已经在偏离，整个工程还为此而暂停。直到1231年工程才继续，钟楼开始使用大理石。人们用各种方法来修正钟楼的倾斜，直到1278年修到第七层时，塔身已经不再是直线，而是一个"凹"形，工程又被迫停止，直到1372年整座塔才竣工。从1550年到1817年这267年间，人们进行了多次测量，整座塔的倾斜度仅增加了5厘米。人们最终发现比萨斜塔之所以会倾斜，是因为它的地基所在地的土层非常特殊，是古代的海岸线边缘，有好几层不同材质的土层，如此复杂的地下环境造成了土质在建造时发生了沙化和下沉，从而使得比萨斜塔越来越倾斜。但是在这一过程中，比萨斜塔又跟地基土层达到了一定的平衡，也就造成了如此倾斜的塔一直未倒的奇观。

80. 世界闻名的科隆大教堂是什么样的

科隆大教堂是位于德国科隆的一座天主教堂，与巴黎圣母院和罗马圣彼得大教堂一起被称为欧洲三大宗教建筑，它还是欧洲北部最大的教堂。科隆大教堂是典型的哥特式教堂，它从13世纪中期就开始建设，几经波折，终于在1880年才竣工，整个教堂共耗时600多年才建成，一直到今天还在不断地修葺。科隆大教堂是目前德国最受欢迎的景点之一。

根据学者的考古发现，科隆大教堂原址其实是普通的民居，只是到了公元4世纪末才开始建设小型的教堂，然后不停地改扩建，直到公元873年建成科隆大教堂的前身。但是这座前身却没能够经过历史的考验，1248年的一场大火将一切都付之一炬。因为在1164年罗马帝国皇帝将原来存放在米兰主教教堂里的三王圣龛赠给了科隆大主教，有众多的信徒会聚集在这里，所以1248年的8月，科隆大主教主持修建了哥特式的新教堂，这就是科隆大教堂。

新的教堂有104个座位，还为教皇和皇帝预留了位置，并且有德国最大的中世纪晚期风格的唱诗台，存放三王圣龛的祭坛也是西方最重要的祭坛。教堂顶上有12口钟，最大的圣彼得钟重达24吨，直径有3.22米。这一古老的教堂目前受到了德国的重点保护，相信在以后的很长时间里都会是德国的重要旅游景点。

81.巴比伦空中花园是什么样的

古代世界七大奇迹之一的巴比伦空中花园又被叫作"悬园",是公元前6世纪在巴比伦城由新巴比伦王国尼布甲尼撒二世下令修建的,它的修建有个美丽的传说。据说国王有位美丽的王后,王后是米底的公主,深得国王的宠爱,她嫁给新巴比伦国王后,因思念家乡终日闷闷不乐,于是国王就问他的王后是什么原因让她如此的不开心?王后说想念她家乡的山峦叠翠、花草丛生,想念家乡的羊肠小道,还有美丽的山林景色。国王听后就命令工匠按照王后家乡米底的景色在宫殿里修建了这个让世人震惊的"空中花园"。

称其空中花园也并不是因为它真的悬在半空中,而是因为它采用了一种立体的造园手法,将整个花园修建在一个四层的平台上,平台由25米的高柱支撑,主要材料是沥青和砖块。虽然这个花园修建在高台上,但是它有一个自己的灌溉系统,是由奴隶们不停地推动一个连着齿轮的把手,把地下水运到最高的一层蓄水池里,然后经过花园中修建的人工河流返回到地面上。同学们一定知道普通建筑物长年遭受河水的侵蚀很有可能倒塌,所以考古人员相信空中花园所用的砖块不是普通的砖块,而是巴比伦空中花园所在的美索不达米亚平原的稀缺石块,并且加入了芦苇、沥青和瓦在里面,还有人认为石块中加入了铅,以此方法来防止河水渗透地基。

如今空中花园已经不复存在,人们只能从书籍和考古发掘中找到它曾经存在的痕迹。但是这美丽的空中花园还是留给人们无限的遐想。

82. 圣彼得大教堂是什么样的

圣彼得大教堂坐落在天主教徒的朝圣地梵蒂冈,它是世界五大教堂之首。这座古老的天主教堂不仅仅是世界上第一大圆顶教堂,更是一座非常伟大的艺术殿堂。

据说圣彼得大教堂是建在圣彼得的墓地上,在4世纪时由君士坦丁大帝下令修建,这座呈长方形、采用巴斯利卡式设计的教堂,现在被称为老圣彼得大教堂,这座教堂在后来的战争中被毁。直到16世纪时,教皇朱利奥二世决定重新建造大教堂,新的教堂在1506年动工,花了120年的时间,在1626年才竣工,新的教堂则是采用文艺复兴式和巴洛克式风格,从1870年以后,重要的宗教仪式大部分都在这座新的圣彼得大教堂里举行。

新的圣彼得大教堂面积达2.3万平方米,主体建筑有45.4米高,可以容纳6万人同时祈祷。大教堂以中线为轴两边对称,在二楼有三个阳台,中间的那个叫祝福阳台,在重大节日时,教皇就会在这个阳台上为到来的教徒祝福。教堂内部的走廊里有很多白色的大理石柱子,这些柱子上面雕有精美的花纹,教堂的大拱顶是米开朗基罗的杰作。整个殿堂的内部是一个十字架形,交叉点就是教堂的中心,地下是圣彼得的陵墓,地上是教皇的祭坛。在整个教堂内部有三件引人注意的雕刻作品,一个是米开朗基罗的《圣母哀痛》,一个是贝尔尼尼的青铜华盖,另一个就是贝尔尼尼的圣彼得宝座。虽然已经过了这么多年,但圣彼得大教堂的艺术魅力依然让人惊叹不已!

83. 伦敦塔是什么样的

大家知道"女王陛下的宫殿与城堡"中的城堡是哪里吗？它指的就是伦敦塔，这个见证了英国皇室众多历史，承载了英国皇室成员太多回忆的城堡究竟是什么样子的呢？其实伦敦塔不是一座孤零零的塔，而是由很多塔组成的。大塔或者叫中央要塞，是一座诺曼底式建筑，它不仅是这一系列塔里面最古老最重要的建筑，也是这里的中心。伦敦塔本来被建造的目的是控制整个伦敦城，占地有7万多平方米，因为有两代君主曾经扩建和整修过伦敦塔，所以它在一定程度上反映了英国在不同时期的不同建筑风格，也代表了英国各个时代建筑师的智慧结晶。

伦敦塔不仅仅作为王宫，它还曾经被用作堡垒、监狱、皇家的铸币厂和伦敦的档案馆。伦敦塔里关押的都是上层阶级的囚犯，如伊丽莎白一世就曾在她姐姐玛丽一世统治时期被关在里面，当然伦敦塔以最后关押了纳粹副元首鲁道夫·赫斯为终点，结束了它作为监狱的功能。如今它成为大不列颠群岛里最受欢迎的历史景点。

伦敦塔里的珍宝馆内展示着众多举世瞩目的藏品，其价值更是大大高过了塔本身的价值。

84. 哪座古城被誉为"尼日尔河谷的宝石"

美丽的具有苏丹建筑风格的杰内古城，因为在马里中部尼日尔河内三角洲最南端被称为"尼日尔河谷的宝石"。杰内古城毗邻干旱的撒哈拉和多雨的苏丹地区，地处游牧地区和固定居住区的切换点上，这个切换点位于尼日尔河流域的一个防御性小岛上，地理环境复杂。杰内古城以其灿烂的伊斯兰文化和独特的摩尔式建筑风靡此地，并成为珍贵的具有超高文化历史价值的城市。

公元前250年这个地区就已经有人居住了，而公元765年杰内古城正式建立了，黄金贸易以及苏丹地区其他的商品贸易给杰内古城提供了便利，使得这座城市从公元9世纪或10世纪开始，就成为一个重要的交通和交易要塞。尽管如此，杰内古城并不是一座浮躁的城市，巴尼河从市区缓缓流过，河边在建筑物掩映下可以看到很多郁郁葱葱的芒果树、棕榈树和香蕉林，把一个热带水乡泽国的城市表现得真实而又生动，在这个繁华的商业中心辟出了一块宁静悠远的地方，也以此洗涤人们浮躁的心。但是非常可惜，这么一个充满了人文历史文化的古城和它的文化，在16世纪末，因为外敌的不断入侵而慢慢衰败，时至今日你或许难以想象在那个战火纷飞的年代，一座古城居然倔强地坚持了下来，用它的一砖一瓦、一土一沙诉说着曾经的辉煌。

85. 白宫是白色的宫殿吗

美国总统办公和居住的场所之所以被称为白宫，就是因为它是白色的宫殿。1812年，英美发生战争，美国的总统府和国会大厦等象征性的建筑被英军占领并且烧毁。1814年政府将建造总统住宅使用的棕红色石头涂成了白色，用来掩盖这些烧毁的痕迹。1902年罗斯福总统则让"白宫"成为这座宫殿的正式名称。

白宫虽然不如原来的宫殿恢宏气派，但是它以其独特的风格展现了美国的风采。如果说我们之前介绍过的很多宏伟的宫殿是大家闺秀，那么白

宫就是小家碧玉，实用、实际，符合美国人的做事风格。占地7.3万多平方米的白宫坐南朝北，分为主楼和东西两翼，有去美国参观过白宫的同学应该都是参观的东翼，而西翼则是总统的办公区域。白宫的内部装饰等都很朴实。接待大厅是在主楼的底层，它的外面是用来举办欢迎仪式的场所，一般政府会在这里欢迎外国来宾。总统居住的地方则是主楼的二楼，这里的设施可谓是一应俱全：图书馆、地图室、金银瓷器陈列室，在这里都可以看到。整体来说，白宫并没有很多宫殿的奢华，但却有不同的温馨。白宫建成有200多年，从刚开始的英式建筑风格到后来慢慢融入了很多美国建筑风格，也体现了美国国家文化的一种变化。

除了时间赋予建筑的内涵，那一砖一瓦的构成无处不体现着它们自身的韵味。你知道长城是谁设计的吗？你知道杰内古城是谁的大作吗？你知道著名的帝国大厦是谁的杰作吗？你知道神秘的空中花园又是谁的杰作呢？你知道这些不同建筑风格的代表建筑师都是谁吗？你印象中的设计师是严肃古板还是追寻潮流的呢？你可知建筑界的"女魔头"、建筑史上的但丁、现代建筑的旗手他们指的又是谁吗？下面就让我们一起去认识一下这些守望建筑艺术之灵魂的建筑师们吧！

第六章 值得尊敬的著名建筑师

86. 著名的美国世贸中心是哪位建筑师设计的

著名的美国世贸中心是由一位美籍日本裔建筑师，也是20世纪最出名的建筑师山崎实设计的。他把新形式主义的建筑风格发挥得淋漓尽致，更是成为"新形式主义"的先驱者。

从世贸中心的建筑特点不难看出山崎实的作品都有一个比较明显的特征，就是他设计的建筑都善于运用装饰的手法。这种装饰的手法并不是简单的我们现在所理解的装饰，而是使用一些物品使得整体建构看上去有更高层次的品质感。这里所指的装饰是建筑本身所带有的装饰感，这就要求一定要注意建筑物本身的细节处理，从结构上体现出它的技术美。例如一面墙，建造得像一种编织出来的屏风，既有墙的功用，又要有屏风的美感。所以人们将他列为现代建筑中的典雅主义的代表人。除此之外，如果你仔细观察他设计的其他建筑，就可以从中发现哥特式建筑风格的影子，但是又不完全是哥特式风格的建筑，还有一个有趣的现象，也是他最为著名的一个风格，就是窄窗。大家都知道宽敞明亮的窗户会让整个空间感觉很大、很温暖，但是山崎实的设计基本都是很窄的窗户，那并不是因为他的特立独行，而是因为他有恐高症，所以他的设计也就跟着受了影响。

山崎实的作品除了世贸中心还有很多有名的建筑，如里奇蒙联邦储蓄银行、太平洋科学中心等。很遗憾这么一位有才的建筑师已经离开了人世，但是他留下的建筑风格还会影响着后来的建筑师。

87. 为什么贝聿铭被誉为"现代建筑的最后大师"

贝聿铭之所以被称为是"现代建筑的最后大师",是因为他在现代主义建筑风格的造诣上至今无人可比。贝聿铭的建筑风格跟他的成长环境和家庭教育有很大的关系。他是一位美籍华人建筑师,出生在广州市,却是名副其实的苏州名门望族之后。从小就住在苏州狮子林的贝聿铭对苏州园林的感情是不言而喻的,以至于苏州园林的很多设计风格已经很深地影响到了贝聿铭日后的设计。他有自己的设计哲学,那就是"人与自然共存",而他对家庭的理解则是内聚力和历史的结合。如此优渥的生活环境并没有让贝聿铭变得傲慢,相反他受祖母的影响,为人也很热情,待人真诚和善。可惜他的母亲在他13岁的时候因病去世,深深地打击了他,也正是这样的创伤让他特别地关注公共建筑和文教建筑。

贝聿铭被归为现代主义建筑这一别派,也是因为他的作品是以公共建筑、文教建筑为主,并且他非常善于使用钢材、混凝土、玻璃和石材。贝聿铭的作品很多也很著名,如华盛顿国家艺廊东厢、卢浮宫扩建、香港中国银行大厦、国家大气研究中心等项目。他的很多作品都有一个共同点就是内庭,将内外的空间进行串联,使得自然融在建筑里,建筑融在自然中。到了贝聿铭年龄大的时候内庭还是他作品的重要元素,只是这时他更加注重自然光线的使用,使得内庭的光线充足,犹如光庭,而这种对自然光的利用,可以使得整个空间变化多端,也成就了贝聿铭的名言"让光线来作设计"。

88. 为什么高迪被称为"建筑史上的但丁"

说到高迪被称为"建筑史上的但丁"的原因，就先要跟同学们说说谁是但丁。但丁是13世纪末意大利的诗人，他最有名的作品是《神曲》。但丁的作品不仅仅超越狭隘的党派之间的偏见，而且可以很理性地思考民族的现在和未来，最重要的是他既有诗人的侠骨柔情，也有学者的聪明智慧。高迪的作品也给人类似的感觉，他的设计在保持原有的创造同时还结合了传统和当代的各种建筑风格，搏众家之所长。

高迪这位西班牙建筑师是塑性建筑流派的代表，用他的现代主义建筑风格征服了很多人，他的建筑也风靡了世界，比如古埃尔公园、巴特罗公寓和圣家族教堂。其中圣家族教堂至今都还没有完工，但高迪已长眠于此。他在设计的时候有很多大胆的突破，能够将很多精彩而又很有创意的装饰都糅合在一起，让每一个细节，如门、窗、墙等看起来都独一无二，所以他的作品也很难被归类，用我们现代的话来说就是"创意无限"，而高迪的创意则都来自"大自然"，这一点上又跟贝聿铭有着极为相似的地方。

高迪的大胆创意还在一个方面体现得淋漓尽致，就是他认为大自然里是不存在直线的，所有的直线都是人类发明使用的，曲线才是属于大自然的线条。所以他落实于这一理论的作品都没有直线，造型也让人眼前为之一亮，更是具有很强的时代感，即便是放在现在也不会让人觉得过时。

圣家族大教堂

89.日本著名建筑师安藤忠雄的建筑理念是什么

说到建筑师的建筑理念,就得说说这个建筑师的过往,因为生活的环境和人生的境遇对建筑师来说往往是很重要的影响因素,他们的建筑理念或者说建筑风格都会因为这些因素而变化。那么我们就先来认识一下这位叫安藤忠雄的著名建筑师吧。

安藤忠雄可以说是一位名副其实的传奇建筑师,从小家里就很贫困,所以在童年的时候他就在木工作坊里帮工。更为神奇的是在成为建筑师之前他是职业拳手,并且靠着做拳手获得的奖金到世界各地旅游,自学建筑。也就是说安藤忠雄是一位没有接受过正规专业训练的建筑师,也正是有这个因素的存在,他才得到"没文化的日本鬼才"这一称号,并且获得了普利兹克建筑奖。

说完了安藤忠雄的人生境遇,那么大家就可以很好地理解他的建筑理念了。安藤忠雄的建筑理念有三点,一是东西方的融合,这点很好理解,因为他自学建筑时游历了很多地方,所以他能很好地将所见所闻跟他的个人风格相结合;二是封闭——开放的都市观,这是因为安藤忠雄在最早的时候认为都市应该是封闭的,但是后来,他利用"嵌入"和"挖空"的手法将开放的都市表现得淋漓尽致;三是可靠的材料、几何形式、自然成为安藤忠雄作品里最主要的三要素。

90. "现代建筑的旗手"是指哪位建筑师

有人说他是建筑大师,有人说他是城市规划家,有人说他是作家,有人说他是雕塑家,有人说他是画家,更有人说他是室内设计师,无论人们怎么评论他,他依然是当之无愧的"现代建筑的旗手",是功能主义之父,是现代建筑派或者说是国际形势建筑派的主要代表人物,他就是我们功能主义建筑的泰斗——勒·柯布西耶。这位著名的法国建筑师以机器美学为其建筑设计的理论基础,成为20世纪最著名的建筑大师。

勒·柯布西耶出生在普通家庭,他喜欢游历,善于思考,将建筑、城市融合在一起,提出了著名的五个新建筑要点:底层架空、屋顶花园、自由平面、横向的长窗和自由立面。底层架空就是现在我们经常看到的高层住宅的设计,一楼架空,住房从二楼开始。屋顶花园是将花园建在了屋顶,使得整个视野更加开阔。自由平面是利用框架结构,使更多的墙体不用承重,这样就可以在这些墙体上设计大面积的窗户,提供良好的视野以及光线。除此之外,勒·柯布西耶对城市的规划也有自己独特的看法,当时有一股反对大城市的思潮,而他背向而行,主张对城市进行规划,通过技术手段,可以保证人口的高密度,并且提出了高层建筑的设想,他的这一规划想法,对当时的城市建设以及建筑设计的现代化都起到了很大的推动作用。

勒·柯布西耶纪念邮票

91. 著名的悉尼歌剧院是哪位建筑师设计的

著名的悉尼歌剧院是由丹麦建筑师约恩·乌松设计的，这是一位一生只辉煌了一次的设计师，但是这一次成为了一个传奇，记载在世界建筑史上。因为悉尼歌剧院，约恩·乌松还获得了普利兹克建筑奖，但也是这座建筑，约恩·乌松一生都没有亲见一眼。

约恩·乌松的设计崇尚自然，没有太多花哨的东西，但是大胆创新让他的悉尼歌剧院特立独行。1957年澳大利亚政府举办了一场设计比赛，就是为了筹建悉尼歌剧院，当时38岁的约恩·乌松寄去了自己的设计，预赛时约恩·乌松的设计就遭到了淘汰，但是作为评委的现代主义建筑大师埃利儿·沙里宁却被约恩·乌松大胆设计的帆船造型给迷住了，坚决支持他的作品，就这样约恩·乌松拿到了第一名，开始承担悉尼歌剧院的设计工作。之后他跟全家人一起搬到了悉尼，从事设计工作。但是好景不长，在设计的过程中，由于前卫的设计想法以及昂贵的工程造价使得悉尼歌剧院成为众矢之的。

1965年由于政府缩减支出，约恩·乌松备感压力，于是他写了一封辞职信给当时的工程部部长，表示他对目前情况的不满，谁知部长竟然答应了他的辞职，约恩·乌松就带着家人离开了悉尼，并发誓永远不再踏上澳大利亚的土地。之后由澳大利亚本土建筑师接手，他们依然沿用约恩·乌松的设计，但是却使得悉尼歌剧院用了17年时间才完成，而整个预算则从700万美元升到了1.2亿美元。问世不久，悉尼歌剧院就成为了世界上公认的杰出建筑作品。

92.阿尔瓦·阿尔托的人情化建筑理念是怎样的

芬兰建筑师、北欧现代主义之父阿尔瓦·阿尔托,是现代派建筑倡导者之一,并且是人情化建筑的提倡者,说到人情化建筑理念,很多人就会问了,什么是人情化建筑理念呢?其实人情化建筑理念就是所有建筑的工业化和标准化,是为人的生活服务的,一切从人出发,以人为本,用来适应人的精神要求。他的创作就是根据这一建筑理念而来的,例如从区域的规划到城市的规划,然后到市政中心的设计,还包括室内装修的家具、灯具等,都是以人为主体、以人为根本来设计的。除此之外,他还在不断探索民族化的现代建筑道路。

阿尔瓦·阿尔托的作品很善于利用自然环境,他可以充分地使用自然环境里的资源来达到他设计的目的。例如,利用地形,运用当地的建筑材料,还可以利用形式和空间来灵活地布局,将曲线和曲面发挥到极致,这样的设计往往可以更好地将人融入到当地的环境中去,体会当地的民族特色以及风土人情,更可以因地制宜,充分发挥人的创造力和想象力。或许阿尔瓦·阿尔托没有什么惊世骇俗的作品,也没有让世人铭刻的过往,但是他的创作理念却对北欧乃至世界都有很深的影响力,他的理念不禁让人思考,建筑的根本究竟是什么。

阿尔瓦·阿尔托作品——帕伊米奥结核病疗养院

93.为什么说伦佐·皮亚诺的建筑思想是创新

第二十届普利兹克建筑奖的获得者伦佐·皮亚诺是意大利当代著名的建筑师,他出生在建筑世家,从祖父、父亲、叔伯到兄弟都是建筑商人,而自幼喜欢在工地玩耍的他长大后更是将这个家族传统进行了升华。伦佐·皮亚诺是一位很有自己独特风格的建筑师,但是他的作品还是受到了很多大师的影响。从另一方面来说,他又不是简简单单地模仿这些大师的作品,而是将这些大师的作品进行提取,变成自己的东西。通过不断创新最终走出了一条属于自己的艺术道路,将开放式设计和自然光的结合发挥到了极致。

伦左·皮亚诺作品——关西国际机场

伦佐·皮亚诺最著名的作品就是蓬皮杜中心,这个矗立在巴黎18世纪时的市中心的高科技戏仿品,以其丰富多彩的通道、晶莹透明而又蜿蜒蜒蜒的电梯,成为巴黎公认的标志性建筑之一,并且每天都吸引着近2.5万游人来这里观赏它的与众不同。这座包罗了博物馆、电影院、音乐厅等多功能的五层文化中心,有近百万平方米的占地面积,无处不体现建筑师伦佐·皮亚诺的与众不同。其中最有意思的一个故事,就是当时法国的钢铁制造商拒绝跟伦佐·皮亚诺合作蓬皮杜中心这个项目,因为他们觉得原设计使用的双重钢梁有倒塌的可能,而这时伦佐·皮亚诺跟他的合作者罗格斯做了一件让所有法国人都吃惊的事情:他们两人违背政府的意愿,将德国制造商建造的钢梁在晚上偷偷运进了工地。这一举动着实让法国人大吃一惊!

蓬皮杜中心

94. "高技派"的代表人物是谁

说到高技派的代表人物，很多同学就会问了：究竟什么是"高技派"？其实高技派就是更为突出现代工业技术，在建筑外形以及内部的环境等地方都做很明显的处理，有一种"机械美"在里面，更有现代的工业感觉，比如在室内将风管、线缆或者梁板等都暴露出来，具有很强工艺技术的感觉。我们之前提到过的巴黎蓬皮杜中心就是这一派别的典型建筑，还有就是香港中国银行大厦，也是典型之一。

知道了什么是高技派之后，我们来说说高技派的代表人物——诺曼·福斯特。这位英国建筑师生于曼彻斯特，是1999年普利兹克建筑奖的获得者，并且在同一年被封为终身贵族泰晤士河岸的福斯特男爵，他的作品以金融证券类的商业建筑和机场建筑居多，中国香港的汇丰银行总行大厦就是他的成名作，也因为这座建筑使他在国际建筑界获得了不菲的名声。除此之外，他还设计了法兰克福商业银行和香港国际机场，这两个建筑是他在国际建筑界声望达到顶峰的作品。诺曼·福斯特的设计理念是人类与自然的共存，他强调要多多地吸取过去的文化形态，提倡的建筑方式则是适合人类生活需要的。对建筑自然性的追求，使得诺曼·福斯特成为当代著名的建筑师，他也因此获得了普利兹克建筑奖、斯特林奖以及众多的奖项。

法兰克福商业银行

互动问答
Mr. Know All

十万个为什么

001. 人民英雄纪念碑属于建筑吗?

　A.属于
　B.不属于

002. 下列哪一项是错误的?

　A.沼气池不属于建筑
　B.广告牌属于建筑
　C.水塔属于建筑

003. 关于建筑，下列哪一项是错误的?

　A.建筑都是人类建造出来的
　B.天然形成的石窟同样属于建筑范畴
　C.四合院也是建筑的一种

004. 关于建筑材料，下列哪一项是错误的?

　A.建筑的材料只有水泥和砖瓦
　B.某些地方的农村保留着土坯搭建的房子
　C.远古时期人们会用树枝兽骨和泥土建造部落

005. 下列哪一个国家有人用卫生卷纸中间的纸筒盖房子?

　A.日本
　B.法国
　C.英国

006. 建筑材料可以分为装饰性材料、专用性材料和什么?

　A.警示性材料
　B.防御性材料
　C.结构性材料

007. 建筑有几个要素?

　A.3个
　B.4个
　C.2个

008. 普遍认为建筑的要素包括美观、实用和什么?

　A.隔热
　B.多用途
　C.坚固

009. 最早在著作里面以建筑要素的提法提出"实用、坚固、美观"的是谁?

　A.阿基米德
　B.达·芬奇
　C.维特鲁威

010. 关于建筑要素，下列哪一项是错误的?

　A.坚固是达成建筑目标的重要手段
　B.实用是建造一处建筑的最中心内容
　C.美观是建造的外在表现形式

011. 最早的建筑书籍成书于哪个时代？

A. 罗马时代

B. 中世纪

C. 文艺复兴时代

012. 最早的建筑书籍名称是什么？

A.《营造法式》

B.《建筑十书》

C.《建筑宝典》

013.《建筑十书》提出的建筑三个要素是什么？

A. 美观、实用、精巧

B. 恢宏、实用、坚固

C. 坚固、实用、美观

014. 维特鲁威认为建筑师的德和才哪个更重要？

A. 德更重要

B. 才更重要

C. 一样重要

015. 下列哪一项是当代建筑中最常见的建筑材料？

A. 土砖

B. 木质材料

C. 水泥

016. 水泥从什么时候开始在建筑中使用？

A. 500 年前

B. 1000 年前

C. 2000 多年前

017. 水泥最初是被什么人使用在建筑中的？

A. 英国人

B. 中国人

C. 古罗马人和希腊人

018. 波特兰水泥是由哪国人发明的？

A. 美国人

B. 希腊人

C. 英国人

019. 关于居住建筑，下列哪一项是错误的？

A. 居住建筑多多益善

B. 居住建筑要考虑户外环境

C. 居住建筑并非越高越好

020. 关于分户私密性，下列哪一项是错误的？

A. 分户私密性保证了住户的隐私
B. 远古时期的建筑分户私密性好
C. 分户私密性好的建筑可提供心理安全感

021. 下列哪一项不属于居住建筑的安全性？

A. 给排水设施
B. 防火条件
C. 抗震能力

022. 最初的居住建筑多以什么为材料？

A. 石料
B. 金属
C. 树枝、兽皮

023. 关于公共建筑，下列哪一项是正确的？

A. 公共建筑是供人们进行各种公共活动的建筑
B. 公共建筑的私密性很好
C. 公共建筑数量有限

024. 下列哪一项不属于商业用建筑？

A. 写字楼
B. 旅馆
C. 购物广场

025. 公共建筑和居住建筑一起构成了什么？

A. 工业建筑
B. 农业建筑
C. 民用建筑

026. 下列哪一项不属于民用建筑？

A. 居住建筑
B. 工业建筑
C. 公共建筑

027. 关于工业建筑，下列哪一项是错误的？

A. 工业建筑的功能是给人以工业生产的空间
B. 工业建筑的建筑要求和特性与居住建筑相同
C. 工业建筑不保证分户私密性

028.关于工业建筑的建筑要求，下列哪一项是错误的？

A.工业建筑的内部空间通常较为紧凑

B.工业建筑应为流水线，提供直通空间

C.工业建筑内部跨度大

029.下列哪一项不属于工业建筑的建筑要求？

A.结构形式上可随意而为

B.提供较好的生产环境

C.配备工人生活活动的辅助空间

030.什么是农业建筑？

A.提供交通、娱乐、卫生等服务的建筑

B.为创造或改善农业生产的环境或者条件的建筑

C.居住房屋

031.下列哪一项不属于农业建筑？

A.窖穴

B.农民居住的房屋

C.圈养牲畜的围栏

032.陕西半坡发现的农业建筑距今有多少年了？

A.1000年

B.5000年

C.6000年

033.在殷墟发现的具有防潮功能的窖穴距今有多少年了？

A.1000年

B.2000年

C.3000年

034.下列哪一个区域不是孕育世界上最早城市的区域？

A.莱茵河流域

B.美索不达米亚平原

C.古埃及

035.世界上最早出现的城市是什么？

A.北京

B.杰里科

C.新德里

036.杰里科在哪里？

A.尼罗河流域

B.黄河流域

C.约旦河西岸

037.下列哪一项不是杰里科内的景点？

A.泰姬陵

B.库姆兰藏经洞

C.夏姆宫殿

038.下列哪一项是中国最早的宫殿？

A.大明宫

B.二里头遗址内的大型古代建筑遗址

C.北京故宫

039.北京故宫于哪一年建成？

A.公元1220年

B.公元1420年

C.公元1620年

040.大明宫是哪个朝代的皇宫？

A.唐朝

B.宋朝

C.元朝

041.现今发现的中国最早的宫殿在哪里？

A.北京

B.西安

C.偃师

042.关于钢筋，下列哪一项是错误的？

A.我们能在被拆除的建筑墙体内发现钢筋

B.所有在工地上使用的钢筋都一样

C.钢筋能配合混凝土使用

043.按钢筋的粗细可以分为粗钢筋、细钢筋和什么？

A.钢条

B.钢线

C.钢丝

044.按钢筋的生产工艺可以分为冷拉钢筋、冷轧钢筋、热轧钢筋，还有什么？

A.冷凝钢筋

B.耐热钢筋

C.热处理钢筋

045.按钢筋在整个建筑结构中的作用可以分为架立钢筋、受压钢筋和什么？

A.网状钢筋

B.冷轧钢筋

C.受拉钢筋

046.砌体结构又被称作什么？

A.钢筋混凝土结构
B.砖石结构
C.砖木结构

047.下列哪一项是砌体结构建筑的代表？

A.万里长城
B.故宫
C.金阁寺

048.都江堰是什么结构建筑？

A.砌体结构
B.钢筋混凝土结构
C.砖木结构

049.下列哪一项不属于砌体结构建筑？

A.云南傣家竹楼
B.古罗马斗兽场
C.安济桥

050.关于桩基础，下列哪一项是错误的？

A.桩基础广泛应用在高层建筑中
B.桩基础由承台和地基组成
C.人类使用桩基础的历史十分悠久

051.什么东西把建筑重量传给地基，并稳固建筑？

A.承重台
B.基台
C.基础

052.人类最早使用桩基础结构的建筑出现在什么时候？

A.2000年前
B.5000年前
C.7000年前

053.房屋结构又被称为什么？

A.房屋构造
B.房屋构架
C.房屋建筑结构

054.房屋的主要承重体依据其材料不同而进行的分类被称为什么？

A.房屋类型
B.房屋结构
C.房屋性质

055.承重结构主要包括什么？

A.门、窗
B.屋顶、地面
C.梁、墙、柱

056.下列哪一项是砖木结构的优点?

A.土地利用率高
B.坚固耐用
C.建造简单

057.砖混结构建筑的主要建筑材料是什么?

A.钢材、玻璃
B.砖、木料
C.砖、混凝土

058.砖混结构建筑中的楼房板、梁等横向承重构件的材料主要是什么?

A.砖
B.钢筋混凝土
C.木料

059.砖混结构建筑中的柱、墙等竖向承重构件的材料主要是什么?

A.砖
B.钢筋混凝土
C.木料

060.砖混结构于什么时候被广泛应用的?

A.18世纪中期
B.19世纪中期
C.20世纪中期

061.加入了钢筋的混凝土被称为什么?

A.钢土
B.钢筋混凝土
C.混凝土

062.下列哪一项不是混凝土的优点?

A.抗压能力强
B.拉伸能力强
C.极为坚硬

063.钢筋混凝土主要是吸收了钢筋的什么能力?

A.抗拉伸能力
B.抗压能力
C.不知道

064.钢筋混凝土的缺点是什么?

A.自重较大
B.不够坚固
C.工艺复杂

065. 世贸双子星坍塌的原因是什么？

A. 工程质量差

B. 飞机撞击

C. 大火产生的高温

066. 钢结构的缺点除了不耐高温之外还有什么？

A. 强度差

B. 耐腐蚀性差

C. 自重大

067. 钢结构的优点是下列哪一项？

A. 耐高温

B. 强度高

C. 耐腐蚀

068. 下列哪一建筑是钢结构的？

A. 长城

B. 金门大桥

C. 泰姬陵

069. 建筑物的耐久等级在什么地方进行了规定？

A.《民法通则》

B.《建筑法》

C.《民用建筑设计通则》

070. 建筑物的耐久等级被分为了几等？

A. 三等

B. 四等

C. 五等

071. 耐久等级最低的建筑主要是什么建筑？

A. 居住建筑

B. 工业建筑

C. 简易建筑、临时建筑

072. 纪念馆的设计使用年限能达到多少年？

A. 25年

B. 50年

C. 100年

073. 在建筑物最下面对建筑的基础起支撑作用的是什么？

A. 地基

B. 基础

074. 基础是楼房的一部分，那么地基是什么的一部分？

A. 楼房

B. 基础

C. 地球

075.人工地基就是人为地做一个新的地基吗?

A.是
B.不是

076.关于地基,下列哪一项是正确的?

A.地基不同部位的沉降能力要在一定的差别范围内
B.地基不需具备良好的稳定性
C.地基的变形程度可以很高

077.关于基础,下列哪一项是正确的?

A.基础是建筑的一部分
B.基础不在建筑物的最下层

078.按基础受力的类型不同可将基础分为刚性基础和什么基础?

A.软基础
B.硬性基础
C.柔性基础

079.安置深度在5米以上的基础称为什么?

A.深基础
B.浅基础

080.关于制作基础的材料,下列哪一项是正确的?

A.制作刚性基础的材料抗压性比较强
B.柔性基础的材料多为毛石
C.刚性基础的材料多为钢筋混凝土

081.家里分成了客厅、厨房等是墙体的什么作用?

A.围护作用
B.分隔空间作用

082.关于墙体的作用,下列哪一项是错误的?

A.围护作用是指围绕出一个与外界隔开的空间,不受声音、气候等影响
B.围护仅靠墙体就能完成
C.分隔空间是指将空间分为若干个相对独立的小空间

083.下列哪一项是错误的?

A.墙体不具备支撑房屋的能力
B.卧室和卫生间体现了墙体的分隔作用
C.房屋的密闭性体现了墙体的围护作用

084. 楼板有什么用？

A. 将建筑内的垂直空间分成若干独立层

B. 将水平空间分成若干个独立小空间

C. 支撑房屋

085. 关于楼板，下列哪一项是正确的？

A. 楼板的类型多种多样

B. 木楼板常见于一般建筑

C. 楼板无法将楼层的重量传到地基

086. 楼板的分层与墙体分层有何不同之处？

A. 分层方向

B. 材料

C. 层的大小

087. 木楼板的原料是什么？

A. 木料

B. 砖

C. 水泥

088. 建筑中，水平方向用以承重的长条形构件被称为什么？

A. 柱

B. 桩

C. 梁

089. 关于梁，下列哪一项是错误的？

A. "上梁不正下梁歪"中的"梁"是指房梁

B. 只有最上层的屋顶才有梁

C. 梁可能是多层的

090. 梁的主要作用是什么？

A. 承重

B. 美观

C. 分隔空间

091. 用来帮助楼层与楼层之间互相连通的建筑构件被称为什么？

A. 梁

B. 柱

C. 楼梯

092. 在楼梯上放脚的地方是踏面还是踢面？

A. 踏面

B. 踢面

093. 关于楼梯栏杆扶手，下列哪一项是错误的？

A. 所有房屋里的楼梯都有栏杆扶手

B. 楼梯栏杆扶手可以保护人的安全

C. 农村的某些老房屋没有设扶手栏杆

094. 平屋顶在北方多还是南方多？
A.北方
B.南方
C.一样

095. 为什么会有平屋顶、坡屋顶之分？
A.因为不同的气候
B.因为不同的审美
C.因为不同的土质

096. 平屋顶和坡屋顶的区别是什么？
A.屋顶的建筑材料不同
B.屋顶的坡度不同
C.屋顶的长度不同

097. 关于平屋顶，下列哪一项是错误的？
A.平屋顶较为平整便于施工
B.平屋顶没有一点坡度
C.平屋顶可灵活利用

098. 进户门是按什么分类的结果？
A.门的材料
B.门的安装位置
C.门的打开方式

099. 下列哪一项属于户内门？
A.卫生间的门
B.大门
C.防盗门

100. 打开方式是在门轨上左右滑动的门是什么门？
A.平开门
B.卷帘门
C.推拉门

101. 木门、竹门、铁门、玻璃门是按什么分类的？
A.门的形状
B.门的材料
C.门的打开方式

102. 现代建筑中窗的作用大吗？
A.大
B.不大
C.一般

103. 关于木质窗，下列哪一项是正确的？
A.木质窗成了昂贵建筑的象征
B.木质窗成本不高
C.制作木质窗的工序十分简单

104. 下列哪一项不是塑钢窗的优点？

A.隔热性好

B.不易老化

C.造价低

105. 关于铝合金窗，下列哪一项是错误的？

A.铝合金窗耐用性好

B.铝合金窗隔热能力较强

C.铝合金窗十分坚固

106. 避雷针是谁发明的？

A.富兰克林

B.爱迪生

C.爱因斯坦

107. 建筑物的防雷装置包括接引装置、接地设备和什么？

A.引下线

B.电线

C.导线

108. 接引装置包括避雷针、避雷网和什么？

A.避雷塔

B.避雷线

C.避雷站

109. 防雷装置接收到的电流去了哪里呢？

A.空中

B.大地

C.电厂

110. 关于耐火等级，下列哪一项是错误的？

A.耐火极限越高，燃烧能力越高

B.耐火等级高低由耐火极限和燃烧能力决定

C.耐火等级最高为一级

111. 中国建筑常用结构的耐火等级被分成几级？

A.二级

B.三级

C.四级

112. 建筑中的构件从受到火烧到失去构件能力的时间被称为什么？

A.燃烧能力

B.耐热极限

C.燃烧时间

113.关于防火措施，下列哪一项是错误的？

A.只有建筑群间需要设置防火间距及防火分隔

B.需设置火灾的报警系统

C.自动灭火系统可有效保障建筑以及人员的安全

114.本身就耐火的材料以及添加了耐火物质的材料在建筑中被称为什么？

A.隔火材料

B.阻火材料

C.防火材料

115.关于防火门，下列哪一项是错误的？

A.不能用木头制造防火门

B.主要安置在各种公用空间的出入口

C.钢质防火门能有效阻隔火势蔓延

116.防火玻璃有中空防火玻璃、夹层防火玻璃和下列哪一种？

A.磨砂防火玻璃

B.钢化防火玻璃

C.夹丝防火玻璃

117.下列哪一项不是文中提到的现代建筑中的防火材料？

A.防火纸

B.防火包

C.防火涂料

118.下列哪一项是我国范围内发生的最为惨重的地震？

A.汶川地震

B.唐山大地震

C.玉树地震

119.20世纪30年代建造的上海大厦中使用的轻质有孔的新型建筑材料是什么？

A.空心砖

B.加气混凝土

C.不一定

120.加气混凝土砖是普通黏土砖质量的多少？

A.两倍

B.一样

C.四分之一左右

121. 下列哪一项不能帮助建筑提高抗震能力？

A. 钢筋混凝土
B. 复合碳纤维材料
C. 抗震缓冲材料

122. 抗震建筑的关键是什么？

A. 材料
B. 结构
C. 自重

123. 多层内框架房屋的承重外墙是由什么材料制成的？

A. 钢筋混凝土
B. 木头
C. 砖

124. 框架结构建筑的什么受到限制？

A. 自重
B. 高度
C. 材料

125. 抗震墙结构和框架结构哪种抗震能力更好？

A. 抗震墙结构好
B. 框架结构好
C. 一样好

126. 欧洲的教堂主要使用了哪种建筑材料？

A. 石料
B. 木质
C. 混凝土

127. 下列哪一项不属于文艺复兴式建筑？

A. 日本鸟居
B. 米兰大教堂
C. 巴黎圣母院

128. 哥特式建筑兴起于哪个国家？

A. 美国
B. 法国
C. 意大利

129. 巴洛克式建筑兴起于哪个时代？

A. 15~16世纪
B. 16~17世纪
C. 17~18世纪

130. 关于建筑风格，下列哪一项是正确的？

A. 建筑风格单指建筑外形
B. 建筑风格不单指建筑外形，还包含内容方面的特征
C. 建筑风格在世界各地都相同

131. 建筑风格不受下列哪一因素影响？

A. 图纸尺寸
B. 建筑技术
C. 设计思想

132. 是中国还是外国的建筑更讲究严谨对称？

A. 中国
B. 外国
C. 都不讲究

133. 飞檐斗拱是哪个国家的主要设计风格？

A. 西班牙
B. 意大利
C. 中国

134. 从地域来划分建筑风格有几种？

A. 2 种
B. 3 种
C. 4 种

135. 地中海风格属于哪个洲的建筑风格？

A. 欧洲
B. 亚洲
C. 北美洲

136. 古罗马建筑风格是按什么来划分的？

A. 地域
B. 流派
C. 类型

137. 下列哪一项不属于建筑风格？

A. 哥特式
B. 洛可可
C. 写字楼

138. 关于英式建筑，下列哪一项是错误的？

A. 英式建筑注重实用性
B. 英式建筑多使用钢筋混凝土做材料
C. 英式建筑的隔热性很好

139. 英式建筑房屋的墙最外层是什么颜色的？

A. 红色
B. 黄色
C. 绿色

140. 英式建筑风格的建筑屋顶是什么样的？

A. 圆顶
B. 平顶
C. 斜顶

141. 英式建筑风格的建筑房屋的墙一般有几层？

A. 3 层
B. 2 层
C. 1 层

142. 广义的古典主义建筑的特点是什么？

A. 采用古典柱式
B. 尖顶
C. 飞檐斗拱

143. 古典主义建筑风格从何处起源？

A. 意大利
B. 英国
C. 法国

144. 古典主义风格何时在法国成为主导潮流？

A. 16 世纪下半叶
B. 17 世纪下半叶
C. 18 世纪下半叶

145. 古典主义建筑风格的哲学基础是什么？

A. 唯理论
B. 唯物论
C. 唯心论

146. 哥特式风格起源于下列哪个国家？

A. 法国
B. 英国
C. 美国

147. 哥特式风格主要被什么建筑所使用？

A. 天主教堂
B. 宫殿
C. 剧院

148. 第一座哥特式建筑是哪个？

A. 科隆大教堂
B. 巴黎圣母院
C. 丹尼斯教堂

149. 下列哪一项不是哥特式风格的特点？

A. 尖顶
B. 玻璃花窗
C. 飞檐斗拱

150. 地中海建筑具有什么气息？

A. 雄壮
B. 浪漫
C. 乡土

151. 地中海建筑包含的生活方式是怎样的？

　A.闲适、宁静

　B.高速、效率

　C.封闭、无知

152. 地中海建筑风格是将地中海风格和什么做了一个融合？

　A.哥特式风格

　B.巴洛克式风格

　C.当地乡村风格

153. 法国的什么建筑就是地中海式建筑风格？

　A.普罗旺斯

　B.托斯卡纳

　C.丹尼斯教堂

154. 巴洛克的本意是什么？

　A.奇特

　B.美丽

　C.规整

155. 巴洛克式建筑风格在何处发展起来？

　A.法国

　B.意大利

　C.英国

156. 巴洛克式建筑风格是在什么基础上发展而来的？

　A.现代主义

　B.古典主义

　C.文艺复兴

157. 关于巴洛克风格，下列哪一项是错误的？

　A.巴洛克风格以装饰和雕刻的简朴为美

　B.巴洛克风格追求自由奔放的感觉

　C.巴洛克风格追求大胆创新，富于变化

158. 日本建筑风格深受下列哪个国家建筑风格的影响？

　A.中国

　B.北美

　C.意大利

159. 日本建筑最有特色的设计是什么？

　A.细节处理

　B.灰空间

　C.日本城堡

160. 灰空间的作用是什么?

A. 弱化室内室外界限
B. 强化室内室外的区别
C. 加大内外色差

161. 什么建筑是日本军事变革的见证物?

A. 灰空间
B. 日本建筑风格
C. 日本城堡

162. 洛可可式建筑风格是根据什么发展而来的?

A. 哥特式风格
B. 巴洛克风格
C. 中国式风格

163. 洛可可式建筑风格产生于哪里?

A. 法国
B. 意大利
C. 英国

164. 洛可可式建筑风格最初是以什么形式出现的?

A. 绘画
B. 雕塑
C. 室内装饰

165. 洛可可式建筑风格的基本特点是什么?

A. 纤弱娇媚、华丽精巧
B. 高达雄伟
C. 粗线条

166. 美式建筑风格是一种怎样的风格?

A. 细腻
B. 粗犷
C. 自由奔放

167. 是什么原因造就了美式建筑风格?

A. 多民族融合
B. 悠久历史
C. 发达文化

168. 美国的生活方式是什么样的?

A. 自由、活泼
B. 严谨
C. 沉闷

169. 世界上最先进、最人性化、最有创意的住宅是什么风格的?

A. 中国建筑风格
B. 美式建筑风格
C. 欧洲建筑风格

170. 中国建筑风格的特征是什么？

A.木结构
B.水泥结构
C.夯土结构

171. 唐朝以前，中国建筑风格是以什么材料为承重结构？

A.木材
B.水泥
C.夯土

172. 唐朝之后，中国建筑风格用什么来连接木结构构件？

A.钉子
B.水泥
C.榫卯

173. 人们不用夯土的原因是什么？

A.容易潮湿塌陷
B.造价贵
C.材料稀少

174. 北京四合院的格局是什么样的？

A.四个院子组成的
B.四面房屋将庭院合围在了中间
C.四间房子并排而成

175. 最早的四合院出现在什么时候？

A.3000多年前的西周时期
B.隋唐时期
C.清代

176. 中国已知的最早、最严整的四合院在哪里？

A.陕西岐山凤雏村
B.浙江余姚河姆渡村
C.云南晋宁石寨

177. "日"字形的四合院是几进院落？

A.一进院落
B.二进院落
C.三进院落

178. 瓦的主要原料是什么？

A.石块
B.泥土
C.黏土

179. 下列哪一项不是瓦片的功能？

A.使太阳照射的热量直接传递到屋内
B.隔声
C.保温

180.瓦最早出现在什么时候？

A.西周前期
B.西周中后期
C.公元前640年

181.中国的砖出现在什么时候？

A.西周前期
B.春秋战国时期
C.秦朝

182.下列哪一项是按照砖在建筑工程中使用的部位分类的？

A.砌墙砖
B.承重砖
C.保温砖

183.现代砖的主要原料已由黏土转向工业废料了吗？

A.是
B.不是

184.现代砖的制作工艺已由烧结发展为非烧结了吗？

A.是
B.不是

185.世界上最大的保存最为完整的古建筑群是什么？

A.沈阳故宫
B.北京故宫
C.南京故宫

186.北京故宫不是下列哪个朝代的皇宫？

A.宋朝
B.明朝
C.清朝

187.建成北京故宫共用了多少时间？

A.16年
B.15年
C.14年

188.北京故宫的占地面积有多大？

A.72万平方米
B.15万平方米
C.52万平方米

189.天坛的作用是什么？

A.祭天、祈谷、祈雨
B.黄地祈神
C.祭祀太阳

190. 明代建造了天坛内的哪个部分？

　A.皇乾殿
　B.圜丘坛
　C.皇穹宇

191. 天坛的设计出发点是什么？

　A."地"的至高无上
　B."天"的至高无上
　C."神"的至高无上

192. 回音壁在天坛的哪个建筑里？

　A.皇乾殿
　B.圜丘坛
　C.皇穹宇

193. 长城是世界上最长的人造建筑吗？

　A.是
　B.不是

194. 长城究竟有多长？

　A.21196.18 千米
　B.8851.8 千米
　C.6259.6 千米

195. 设计长城的基本法则是什么？

　A.因地形，据险制塞
　B.坚固、以险制塞
　C.因地形，节省材料

196. 烽火在长城的何处燃起？

　A.关隘
　B.城墙和楼台
　C.烽燧

197. 孔庙按其性质可以分为几种？

　A.3 种
　B.4 种
　C.5 种

198. 学庙也叫什么？

　A.庙学制
　B.夫子庙
　C.先师庙

199. 现存比较完整的孔庙有多少所？

　A.100 所
　B.2000 所
　C.509 所

200.布达拉宫海拔多少?

A.3700 米
B.200 米
C.117 米

201.布达拉宫的主要建筑是什么?

A.白宫和红宫
B.东大殿
C.灵塔殿

202.东大殿是用来做什么的?

A.办公
B.举办重大活动
C.居住

203.红宫的灵塔殿是用来做什么的?

A.供奉历代达赖喇嘛的灵堂
B.举办重大活动
C.祭祀

204.乔家大院在哪里?

A.北京
B.山西
C.陕西

205.俯瞰乔家大院呈什么形状?

A.双"喜"字
B."回"字
C."目"字

206.乔家大院有几个大院子?

A.313 个
B.20 个
C.6 个

207.乔家大院占地有多少?

A.8724.8 平方米
B.3870 平方米
C.313 平方米

208.中国古代的华尔街指哪里?

A.平遥
B.祁县
C.汉中

209.平遥古城诞生在什么时代?

A.春秋
B.战国
C.北魏

210. 平遥古城形状像什么？

A. 龟

B. "回"字

C. "目"字

211. 镇国寺中的什么建筑是中国最古老的木结构建筑之一？

A. 古城墙

B. 万佛殿

C. 双林寺

212. 苏州园林始建于何时？

A. 春秋

B. 战国

C. 北魏

213. 苏州园林以什么为主？

A. 王家园林

B. 佛教园林

C. 私家园林

214. "中国园林之母"中的苏州园林是指下列哪一座？

A. 苏州留园

B. 拙政园

C. 狮子林

215. 拙政园的结构特点是以什么为中心？

A. 水池

B. 竹林

C. 假山

216. "东方璀璨的明珠"是指什么？

A. 四合院

B. 围龙屋

C. 窑洞

217. 连接围龙屋两个半部的空地叫什么？

A. 前院

B. 打谷场

C. 禾塘

218. 禾塘有什么作用？

A. 连接作用

B. 活动和晾晒

C. 防御外敌

219. "包"在满语中是什么意思？

A. 家、屋

B. 包裹

C. 装东西用的

220.哈那是什么？

A.捆绑的绳子

B.围裹蒙古包的毡子

C.支撑蒙古包的架子

221.蒙古包的门开向哪个方向？

A.东南面

B.西北面

C.东面

222.目前世界上最大的木质结构无柱蒙古包能容纳多少人？

A.21

B.346

C.1000

223.吊脚楼一般有几层？

A.1层

B.2层

C.3层

224.上层吊脚楼一般用来做什么？

A.居住

B.畜养牲畜

C.放杂物

225.最为普遍的是下列哪种吊脚楼？

A.四合水式

B.双吊式

C.单吊式

226.云南的民居为什么叫"一颗印"？

A.价值相当于印章

B.流传下来的说法

C.外形如印章

227.云南"一颗印"的大门在什么位置？

A.正房对面的中轴线上

B.耳房对面的中轴线上

C.任何位置没有限制

228."大厦"是哪里伸出来的腰檐？

A.耳房

B.正房

C.门廊

229.正房的屋顶是什么样的？

A.两面皆是坡

B.对内长坡

C.对外短坡

230.黄土高原上的民居是什么？

A.窑洞

B.吊脚楼

C.围龙屋

231.窑洞里面的顶是什么形状的？

A.方形

B.拱形

C.喇叭形

232.窑洞一般有多高？

A.2.5 米

B.3~4 米

C.5~9 米

233.窑洞有什么特点？

A.冬暖夏凉

B.防潮

C.防震

234.世界第八大奇迹是什么？

A.埃及金字塔

B.北京故宫

C.秦始皇兵马俑

235.秦始皇陵一共用了多少年来修建？

A.37 年

B.38 年

C.39 年

236.秦始皇陵是什么形状的？

A."品"字形

B."回"字形

C."目"字形

237.地下宫殿在陵园的什么部位？

A.内城

B.外城

C.内城与外城之间

238.明朝一共有多少位皇帝？

A.16 位

B.13 位

C.12 位

239.明朝开国时建都哪里？

A.北京

B.西安

C.南京

240.明朝有位失踪的皇帝是谁？

A.朱祁钰
B.朱允炆
C.朱元璋

241.明孝陵里葬着哪位皇帝？

A.朱元璋
B.朱允炆
C.朱祁钰

242.都江堰是什么时候建造的？

A.公元前250年
B.公元前150年
C.公元前100年

243.都江堰至今都在使用吗？

A.是
B.不是

244.堰首的主体工程有几个？

A.2个
B.3个
C.4个

245.分水工程是指哪个主体工程？

A.鱼嘴
B.飞沙堰
C.宝瓶口

246.唐朝东渡日本传戒的中国高僧是谁？

A.玄奘
B.鉴真
C.惠能

247.中国文化何时传入日本？

A.秦汉
B.隋唐
C.明清

248.榻榻米起源于何时？

A.隋朝
B.唐朝
C.汉朝

249.榻榻米有什么用处？

A.装东西
B.装饰
C.供人坐或者卧

十万个为什么

250. 亚历山大灯塔建于哪一年？

A.公元前 270 年

B.公元前 280 年

C.公元前 281 年

251. 亚历山大灯塔有多高？

A.125 米

B.135 米

C.145 米

252. 亚历山大灯塔是什么原因被毁？

A.战争

B.火灾

C.地震

253. 亚历山大灯塔有何作用？

A.为海上船只指明方向

B.纪念海难中死亡的人们

C.供奉已逝皇帝

254. 罗马斗兽场的本意是什么？

A.巨像

B.巨石

C.厮杀

255. 罗马斗兽场是什么形状的？

A.长方形

B.圆形

C.椭圆形

256. 整个罗马斗兽场的围墙有几层？

A.3 层

B.4 层

C.5 层

257. 罗马斗兽场每层有多少个拱？

A.80 个

B.90 个

C.100 个

258. 泰姬陵是宫殿还是陵寝？

A.宫殿

B.陵寝

259. 泰姬陵建于何年？

A.1612 年

B.1632 年

C.1657 年

260. 泰姬陵是为谁建造的陵寝?

A. 亚珠曼德
B. 沙贾汗
C. 沙贾汗的儿子

261. 泰姬是什么意思?

A. 皇冠
B. 陵寝
C. 皇宫

262. 吴哥窟是石窟还是宫殿?

A. 石窟庙山
B. 宫殿
C. 城市

263. 吴哥窟是用来做什么的?

A. 供奉国王
B. 旅游
C. 朝拜

264. 吴哥窟的形状像什么?

A. 珠穆朗玛峰
B. 金字塔
C. 石窟

265. 吴哥窟靠着哪里的资源得以生存?

A. 须弥山
B. 湄公河
C. 洞里萨湖

266. 圣索菲亚大教堂是下列哪种形式的建筑?

A. 哥特式建筑
B. 拜占庭式建筑
C. 巴洛特式建筑

267. 圣索菲亚大教堂建于何时?

A. 公元 532 年
B. 公元 537 年
C. 公元 538 年

268. 圣索菲亚大教堂因为什么而闻名?

A. 历史
B. 占地面积大
C. 巨大圆顶

269. 圣索菲亚大教堂的圆顶有柱子支撑吗?

A. 有
B. 没有

270. 金字塔的底部是什么形状的？

A.正方形
B.长方形
C.三角形

271. 整个金字塔呈什么形状？

A.圆锥形
B.方锥形
C.正方体形

272. 胡夫王金字塔原来有多高？

A.230.37 米
B.138.74 米
C.146.59 米

273. 堆砌金字塔的石块之间是用什么黏着的？

A.无任何东西
B.水泥
C.泥浆

274. 白金汉宫在什么地方？

A.伦敦
B.纽约
C.巴黎

275. 白金汉宫是什么颜色的？

A.白色
B.金色
C.灰色

276. 白金汉宫广场上有谁的纪念堂？

A.伊丽莎白女王
B.维多利亚女王
C.爱德华国王

277. 下列哪位英国国王为了爱情放弃了王位？

A.爱德华八世
B.辛普森
C.乔治六世

278. 伦敦正门是指哪座桥？

A.伦敦桥
B.伦敦塔桥
C.公路桥

279. 伦敦桥和伦敦塔桥是一座桥吗？

A.是
B.不是

280.伦敦塔桥有几个桥塔？

A.1 个
B.2 个
C.3 个

281.伦敦塔桥的两扇桥可以升降吗？

A.可以
B.不可以

282.埃菲尔铁塔位于下列哪个城市？

A.巴黎
B.伦敦
C.华盛顿

283.埃菲尔铁塔有多高？

A.300 米
B.324 米
C.276.1 米

284.埃菲尔铁塔只是用来观景的吗？

A.是
B.不是

285.巴黎凯旋门建于哪年？

A.1860 年
B.1861 年
C.1862 年

286.巴黎凯旋门是什么建筑风格的？

A.巴洛特风格
B.哥特风格
C.帝国风格

287.巴黎凯旋门有多高？

A.49.54 米
B.44.82 米
C.36.6 米

288.凡尔赛宫在下列哪一时间段是法国王宫？

A.1600～1650 年
B.1650～1771 年
C.1682～1789 年

289.凡尔赛宫占地有多大？

A.111 万平方米
B.11 万平方米
C.100 万平方米

290.凡尔赛宫的顶是什么形状的？

A.圆顶

B.尖顶

C.平顶

291.巴黎圣母院是什么建筑风格？

A.哥特式

B.巴洛克式

C.洛可可式

292.巴黎圣母院建于何时？

A.1163 年

B.1250 年

C.1345 年

293.巴黎圣母院建造了多少年？

A.170 多年

B.180 多年

C.190 多年

294.世界上最美丽、最大的玫瑰玻璃拼花窗在哪里？

A.故宫

B.凡尔赛宫

C.巴黎圣母院

295.卢浮宫最初就是王宫吗？

A.不是

B.是

296.卢浮宫经历了多少年的扩建？

A.100 多年

B.200 多年

C.300 多年

297.卢浮宫整体呈什么形状？

A.U 字形

B.日字形

C.目字形

298.卢浮宫的镇馆之宝有几件？

A.1 件

B.2 件

C.3 件

299.比萨斜塔建于何时？

A.1173 年

B.1231 年

C.1278 年

300. 我们看到的比萨斜塔有多高？

A. 55 米
B. 58.36 米
C. 22.6 米

301. 比萨斜塔在原本设计的时候是直的还是斜的？

A. 斜的
B. 直的

302. 比萨斜塔为什么一直没倒？

A. 进行了加固
B. 整座塔与地基土层达到了平衡
C. 设计的时候就是倾斜的

303. 科隆大教堂位于哪里？

A. 法国巴黎
B. 意大利罗马
C. 德国科隆

304. 欧洲北部最大的教堂是哪个？

A. 科隆大教堂
B. 巴黎圣母院
C. 罗马圣彼得大教堂

305. 科隆大教堂是什么建筑风格？

A. 洛可可式
B. 哥特式
C. 巴洛克式

306. 科隆大教堂的祭坛因为什么变得那么重要？

A. 三王圣龛
B. 玫瑰玻璃拼花窗
C. 圣彼得钟

307. 巴比伦空中花园是修建在半空中的吗？

A. 是
B. 不是

308. 巴比伦空中花园采用的是什么造园手法？

A. 特殊
B. 普通
C. 立体

309. 承载巴比伦空中花园的平台有几层？

A. 4 层
B. 3 层
C. 2 层

310. 下列哪一项不是巴比伦空中花园的建筑材料？

A.沥青
B.砖块
C.水泥

311. 世界五大教堂之首的教堂是哪座？

A.圣彼得大教堂
B.圣索菲亚大教堂
C.科隆大教堂

312. 新的圣彼得大教堂没有采用什么建筑风格？

A.文艺复兴式
B.巴洛克式
C.巴斯利卡式

313. 圣彼得大教堂内部是什么形状的？

A.十字架形
B.长方形
C.圆形

314. 圣彼得大教堂里米开朗基罗的作品是什么？

A.《圣母哀痛》
B.青铜华盖

315. 圣彼得宝座伦敦塔是一座单塔吗？

A.是
B.不是

316. 伦敦塔里关押的最后一个犯人是谁？

A.伊丽莎白一世
B.玛丽一世
C.鲁道夫·赫斯

317. 伦敦塔里最吸引人的是什么？

A.珍宝馆
B.历史
C.建筑风格

318. 杰内古城是什么建筑风格？

A.苏丹风格
B.哥特式风格
C.巴洛克式风格

319. 杰内古城不跟下列哪个地方接壤？

A.撒哈拉
B.苏丹
C.中非

320. 杰内古城以什么独特的建筑著称？

A. 苏丹建筑

B. 摩尔式建筑

C. 哥特式建筑

321. 杰内古城最重要的商业是什么？

A. 黄金贸易

B. 商品贸易

C. 农产品贸易

322. 白宫在何时被烧毁过？

A. 1812年

B. 1814年

C. 1816年

323. 下列哪位总统正式命名了白宫？

A. 林肯

B. 肯尼迪

C. 罗斯福

324. 白宫的哪个建筑是对外开放的？

A. 东翼

B. 主楼

C. 西翼

325. 西翼是做什么用的？

A. 总统办公的场所

B. 总统居住的场所

C. 总统接待国宾的场所

326. 山崎实的国籍是哪个国家？

A. 美国

B. 日本

C. 中国

327. 山崎实的作品属于下列哪种风格？

A. 哥特式风格

B. 新形式主义

C. 巴洛克式风格

328. 山崎实的作品善于运用什么手法？

A. 装饰

B. 简单

C. 复杂

329. 山崎实作品的特有风格是什么？

A. 窄窗

B. 宽窗

C. 无窗

330. 贝聿铭的国籍是哪里?

A. 美国

B. 日本

C. 中国

331. 贝聿铭出生在哪里?

A. 苏州

B. 香港

C. 广州

332. 贝聿铭的设计哲学是什么?

A. 建筑本身就是装饰

B. 人与自然共存

C. 让光线来作设计

333. 贝聿铭的作品以什么类型为主?

A. 公共建筑、文教建筑

B. 住宅

C. 摩天大楼

334. 但丁是哪国人?

A. 美国

B. 意大利

C. 中国

335. 高迪是下列哪个流派的代表人物?

A. 塑性建筑

B. 现代主义

C. 后现代主义

336. 高迪的创意都来自何处?

A. 大自然

B. 前人

C. 专业知识

337. 高迪认为什么线条才是属于大自然的?

A. 直线

B. 曲线

C. 虚线

338. 安藤忠雄成为建筑师之前是做什么的?

A. 职业拳手

B. 赛车手

C. 公司职员

339.安藤忠雄利用下列哪种手法来表现城市的开放?

A.嵌入和挖空
B.扩张区域
C.架空

340.下列哪一项不属于安藤忠雄作品的三要素?

A.可靠的材料
B.大胆的创新
C.自然

341."现代建筑的旗手"是指下列哪位建筑师?

A.山崎实
B.贝聿铭
C.勒·柯布西耶

342.勒·柯布西耶以什么为其建筑设计的理论基础?

A.机器美学
B.自然
C.几何结构

343.勒·柯布西耶提出的新建筑要点有几个?

A.3个
B.4个
C.5个

344.勒·柯布西耶将很大面积的窗户设计在哪里?

A.承重墙上
B.非承重墙上

345.悉尼歌剧院是由谁设计的?

A.山崎实
B.约恩·乌松
C.勒·柯布西耶

346.约恩·乌松是哪个国家的人?

A.意大利
B.法国
C.丹麦

347.约恩·乌松获过普利兹克建筑奖吗?

A.获过
B.没获过

348. 澳大利亚政府何时开始筹建悉尼歌剧院？

A. 1965 年
B. 1957 年
C. 1960 年

349. 北欧现代主义之父指的是哪位建筑师？

A. 山崎实
B. 阿尔瓦·阿尔托
C. 勒·柯布西耶

350. 人情化建筑理念的根本是什么？

A. 人
B. 自然
C. 几何结构

351. 阿尔瓦·阿尔托的作品善于利用什么？

A. 光
B. 影
C. 自然环境

352. 阿尔瓦·阿尔托在不断探索怎样的现代建筑道路？

A. 民族化
B. 差异化
C. 机械化

353. 伦佐·皮亚诺是哪国的建筑师？

A. 意大利
B. 英国
C. 美国

354. 伦佐·皮亚诺最著名的作品是什么？

A. 圣家族教堂
B. 悉尼歌剧院
C. 蓬皮杜中心

355. 蓬皮杜中心是哪国的建筑？

A. 意大利
B. 法国
C. 美国

356.蓬皮杜中心使用了怎样的创新设计?

A.双重钢梁

B.架空层

C.与自然融合

357.高技派突出的是什么技术?

A.现代工业技术

B.现代建筑技术

C.装饰技术

358.高技派有一种什么美在其中?

A.民族

B.自然

C.机械

359.诺曼·福斯特是哪国建筑师?

A.意大利

B.英国

C.美国

360.诺曼·福斯特的成名作是什么?

A.法兰克福商业银行

B.香港国际机场

C.香港的汇丰银行总行大厦

Mr. Know All
互动问答 **答案**

001	002	003	004	005	006	007	008	009	010	011	012	013	014	015	016
A	A	B	A	A	C	A	C	C	B	A	B	C	A	C	C
017	018	019	020	021	022	023	024	025	026	027	028	029	030	031	032
C	C	A	B	A	C	A	C	A	C	B	A	A	B	C	C
033	034	035	036	037	038	039	040	041	042	043	044	045	046	047	048
C	A	B	C	A	B	B	A	C	B	C	C	C	B	A	A
049	050	051	052	053	054	055	056	057	058	059	060	061	062	063	064
A	B	C	C	C	B	C	C	B	C	B	B	B	B	A	A
065	066	067	068	069	070	071	072	073	074	075	076	077	078	079	080
C	B	B	B	C	B	C	C	A	C	B	A	A	C	A	A
081	082	083	084	085	086	087	088	089	090	091	092	093	094	095	096
B	A	A	A	A	A	C	B	A	C	A	A	A	A	B	B
097	098	099	100	101	102	103	104	105	106	107	108	109	110	111	112
B	B	A	C	B	A	A	B	B	A	A	B	B	A	C	B
113	114	115	116	117	118	119	120	121	122	123	124	125	126	127	128
A	C	A	C	A	B	B	C	A	B	C	B	A	A	A	B
129	130	131	132	133	134	135	136	137	138	139	140	141	142	143	144
C	B	A	A	C	B	A	C	B	C	A	C	A	A	C	B
145	146	147	148	149	150	151	152	153	154	155	156	157	158	159	160
A	A	A	C	C	B	A	C	A	A	B	C	A	A	B	A
161	162	163	164	165	166	167	168	169	170	171	172	173	174	175	176
C	B	A	C	A	C	A	A	B	A	C	C	A	B	A	A
177	178	179	180	181	182	183	184	185	186	187	188	189	190	191	192
B	C	A	A	B	A	A	A	B	A	C	A	A	B	C	A
193	194	195	196	197	198	199	200	201	202	203	204	205	206	207	208
A	A	A	C	A	C	A	A	B	A	B	A	B	C	A	A
209	210	211	212	213	214	215	216	217	218	219	220	221	222	223	224
C	A	B	A	C	B	A	C	B	A	C	A	C	B	B	A
225	226	227	228	229	230	231	232	233	234	235	236	237	238	239	240
C	C	A	B	A	A	B	B	A	C	C	B	A	A	C	B
241	242	243	244	245	246	247	248	249	250	251	252	253	254	255	256
A	A	A	B	A	B	A	C	C	A	B	C	A	A	C	B
257	258	259	260	261	262	263	264	265	266	267	268	269	270	271	272
A	B	B	A	A	A	A	B	C	A	B	C	B	A	B	C
273	274	275	276	277	278	279	280	281	282	283	284	285	286	287	288
A	A	C	B	A	B	B	B	A	B	B	A	C	A	C	C
289	290	291	292	293	294	295	296	297	298	299	300	301	302	303	304
A	C	A	A	B	C	A	C	A	C	A	B	B	C	A	A
305	306	307	308	309	310	311	312	313	314	315	316	317	318	319	320
B	A	B	C	A	C	A	C	A	A	B	C	A	C	B	B
321	322	323	324	325	326	327	328	329	330	331	332	333	334	335	336
A	A	C	A	A	A	B	A	A	C	B	A	B	A	A	A
337	338	339	340	341	342	343	344	345	346	347	348	349	350	351	352
B	A	A	B	A	C	B	B	A	B	B	A	B	A	C	A
353	354	355	356	357	358	359	360								
A	C	B	A	A	C	B	C								

圣彼得大教堂是世界上第一大圆顶教堂。

白宫已建成200多年,融合了多种建筑风格。

凡尔赛宫是一座奢华而宏伟的宫殿,采用了平顶的设计。

巴黎圣母院为哥特式教堂,所用建筑材料以石材为主。

伦敦塔桥横跨泰晤士河,有两座高65米的桥塔。

巴黎凯旋门是欧洲最大的一座凯旋门,是法国的代表性建筑之一。

圣索菲亚大教堂的圆顶直径为 33 米,离地面高 55 米,在当时极其罕见。

白金汉宫整体为灰色正方体。

Mr. Know All

从这里,发现更宽广的世界……

Mr. Know All

小书虫读科学